PROCESSOS DE FABRICAÇÃO
POR IMPRESSÃO 3D

CONSELHO EDITORIAL
André Costa e Silva
Cecilia Consolo
Dijon de Moraes
Jarbas Vargas Nascimento
Luis Barbosa Cortez
Marco Aurélio Cremasco
Rogerio Lerner

Valdemir Martins Lira

PROCESSOS DE FABRICAÇÃO POR IMPRESSÃO 3D

Tecnologia, equipamentos, estudo de caso
e projeto de impressora 3D

Processos de fabricação por impressão 3D: Tecnologia, equipamentos, estudo de caso e projeto de impressora 3D
© 2021 Valdemir Martins Lira
Editora Edgard Blücher Ltda.

Publisher Edgard Blücher
Editor Eduardo Blücher
Coordenação editorial Jonatas Eliakim
Produção editorial Isabel Silva
Preparação de texto Maurício Katayama
Diagramação Roberta Pereira de Paula
Revisão de texto Beatriz Carneiro
Capa Leandro Cunha
Imagem da capa Arquivo do autor

Blucher

Rua Pedroso Alvarenga, 1245, 4º andar
04531-934 – São Paulo – SP – Brasil
Tel.: 55 11 3078-5366
contato@blucher.com.br
www.blucher.com.br

Segundo o Novo Acordo Ortográfico, conforme 5. ed. do *Vocabulário Ortográfico da Língua Portuguesa*, Academia Brasileira de Letras, março de 2009.

É proibida a reprodução total ou parcial por quaisquer meios sem autorização escrita da editora.

Todos os direitos reservados pela Editora Edgard Blücher Ltda.

Catalogação na publicação
Elaborada por Bibliotecária Janaina Ramos – CRB-8/9166

L768
Lira, Valdemir Martins
Processos de fabricação por impressão 3D: tecnologia, equipamentos, estudo de caso e projeto de impressora 3D / Valdemir Martins Lira – São Paulo: Blucher, 2021.

136 p., il.; 17 x 24 cm

ISBN 978-65-5506-299-1 (impresso)
ISBN 978-65-5506-296-0 (eletrônico)

1. Processo de fabricação. 2. Impressão 3D.
3 Gestão de projetos. 4. Viabilidade econômica.
5. Manufatura aditiva. 6. Prototipagem. I. Lira, Valdemir Martins. II. Título.

CDD 670

Índice para catálogo sistemático
I. Processo de fabricação

AGRADECIMENTOS

A elaboração deste livro foi possível graças ao apoio e à colaboração de diversas pessoas e instituições de ensino e de pesquisa, às quais manifesto meus agradecimentos.

Aos meus alunos de iniciação científica e de graduação, que tornaram possível a execução dos trabalhos no tema deste livro na Universidade Federal do ABC (UFABC).

Ao professor doutor *Edilson Hiroshi Tamai*, docente na Escola Politécnica da Universidade de São Paulo (EPUSP), pela coautoria do Capítulo 9 deste livro.

À UFABC pelo ambiente agradável de trabalho e a disponibilização de equipamentos e do laboratório para a parte de fabricação, montagem e experimental do projeto da máquina impressora 3D.

À editora Blucher pela publicação deste livro.

Aos inúmeros colegas de faculdades e de escolas técnicas estaduais de São Paulo que contribuíram com uma ou outra observação e/ou informação técnica sobre o conteúdo deste livro.

Ao professor doutor Marcos Ribeiro Pereira Barretto, docente na EPUSP, por ter me apresentado o processo de fabricação 3D em fevereiro de 2001 como tema de meu doutorado.

Ao professor doutor Gilmar Ferreira Batalha, docente na EPUSP, por ter aceitado e orientado minha tese de doutorado acerca do processo de fabricação 3D.

DEDICATÓRIA

Dedico este trabalho à minha querida esposa, pelo apoio, pelo incentivo e pela abdicação de horas de lazer para que este esposo pesquisador pudesse iniciar, desenvolver e concluir esta terceira obra ao longo de quase vinte anos.

Aos nossos filhos, Denise e Gustavo.

Também à minha mãe, pelo incentivo em todos os momentos da minha vida, e ao meu pai, pelos ensinamentos de disciplina e de trabalho.

APRESENTAÇÃO

O objetivo deste livro é apresentar as tecnologias dos processos de fabricação que são realizados por meio da impressão 3D, enfatizando seu princípio, benefícios, principais processos do mercado, suas aplicações, estudo de caso, projeto de máquina impressora 3D e também esclarecendo a mente do leitor para que ele possa vislumbrar algo do assunto.

Além de servir como um texto básico para a formação de técnicos, engenheiros, *designers*, modeladores e tantos outros profissionais do setor, pretende-se com este material responder de forma detalhada àqueles profissionais iniciantes na área que, muitas vezes, nos procuram com um croqui ou um desenho técnico 2D querendo fazer um protótipo físico por meio do processo de impressão 3D.

De uma forma mais ampla, este livro se destina a profissionais que estejam direta ou indiretamente ligados ao desenvolvimento de uma grande variedade de produtos, desde *designers* a profissionais que utilizam biomodelos na área da saúde, como cirurgiões médicos ou dentistas, ou ainda profissionais ligados às artes, ao setor de joias, entre outros.

Valdemir Martins Lira

ESTRUTURA DOS CAPÍTULOS DO LIVRO

O Capítulo 1 ou Introdução apresenta uma visão geral do processo de fabricação de algum modelo físico via impressão 3D e da tecnologia envolvida.

O Capítulo 2 ("Histórico da impressão 3D") apresenta uma revisão histórica do desenvolvimento das primeiras técnicas para realizar a produção de objetos em 3D.

No Capítulo 3 ("Tecnologia do processo de fabricação por meio da impressão 3D"), é apresentado o processo de fabricação de protótipo via impressão 3D e a tecnologia envolvida.

No Capítulo 4 ("Geração de arquivos de dados do modelo em 3D"), são apresentados vários *softwares* para fatiamento do modelo em 3D com interface baseada no STL e formatos neutros. Ainda nesse capítulo é descrito como se realiza a geração de arquivos de dados do modelo.

O Capítulo 5 ("Geração de arquivos para fatiamento") resume vários tipos de formatos para o fatiamento do modelo. São descritos também os principais formatos de troca de dados para máquinas com Solid Free Form. Com isso pode-se ter uma visão geral de tais formatos e suas características, tanto em 3D quanto em 2D.

O Capítulo 6 ("Classificação dos processos de fabricação por meio da impressão 3D via material") apresenta os materiais utilizados nos processos de fabricação por impressão 3D. Para tanto, foi feita uma classificação dos vários tipos de processos dando foco ao estado da matéria usada na fabricação do modelo do protótipo.

No Capítulo 7, intitulado "Processo de fabricação por meio da impressão 3D (PF3D)", são descritos os processos de fabricação de peças por meio da impressão 3D e das tecnologias envolvidas nos equipamentos, como *laser*, resistência elétrica, entre outros.

O Capítulo 8 ("Geração da trajetória") traz as diferentes estratégias de geração de trajetória do sistema extrusor ou do *laser* dos diferentes processos de fabricação de peças ou protótipo via impressão.

No Capítulo 9 ("Características de dispositivos dos processos de impressão 3D"), há duas grandezas de transformação de estado físico do material: por um lado, os sistemas a *laser* lançando luz acerca dos tipos de sistemas para direcionar o feixe de *laser* e, por outro lado, os sistemas por extrusão de material fundido a partir de filamento com ênfase em modelagem cinemática do sistema extrusor, a fim de determinar os valores limites dos parâmetros operacionais como velocidades ideais de deposição e da superfície de deposição e também analisar o sistema dinâmico da extrusão no FDM.

O Capítulo 10 ("Viabilidade econômica do PF3D") apresenta de forma básica os critérios de utilização, tanto estratégico quanto operativo, do processo de fabricação de protótipo via impressão 3D. Com isso, pode-se entender um pouco mais acerca da seleção do tipo de tecnologia do PF3D a ser adotada.

O Capítulo 11 se intitula "Estudo de caso entre PF3D". Tal estudo de caso refere-se a um comparativo dos processos de prototipagem rápida via *stereolithography* e *fused deposition modeling* com prototipagem convencional no desenvolvimento de produtos com uso de material plástico.

O Capítulo 12 traz o "Projeto de impressora 3D". Tal projeto permite ao leitor replicar, caso deseje, a máquina em questão, pois estão disponíveis todas as informações e desenhos. Por meio desse projeto pode-se realizar a impressão de peças e a usinagem de peças via fresamento.

Em muitas seções dos capítulos do livro existem QR *codes*, imagens em forma de códigos para leitura via aplicativo instalado em celular, *tablet* e outros aparelhos. Ao serem acessados, tais códigos conduzem a um vídeo explicativo relativo ao item em questão. Este recurso possibilita uma melhor compreensão do tema em estudo.

Por fim, em todos os capítulos são indicadas referências sobre o tema para aprofundamento dos conhecimentos.

CONTEÚDO

1. INTRODUÇÃO   **17**

    Referências   18

2. HISTÓRICO DA IMPRESSÃO 3D   **21**

    2.1   Histórico da representação de objetos em 3D   21

    Referências   **23**

3. TECNOLOGIA DO PROCESSO DE FABRICAÇÃO POR MEIO DA IMPRESSÃO 3D   **25**

    3.1   Aplicação do PF3D   27

    3.2   Visão geral da tecnologia do PF3D   29

    Referências   **32**

4. GERAÇÃO DE ARQUIVOS DE DADOS DO MODELO EM 3D   **35**

    4.1   *Software* para fatiamento   35

    4.2   Interface STL e formatos neutros   37

    Referências   **42**

5.	GERAÇÃO DE ARQUIVOS PARA FATIAMENTO	43

5.1 Formato de arquivo para fatiamento 43

Referências 47

6.	CLASSIFICAÇÃO DOS PROCESSOS DE FABRICAÇÃO POR MEIO DA IMPRESSÃO 3D VIA MATERIAL	49

6.1 Materiais utilizados no PF3D 51

Referências 55

7.	PROCESSO DE FABRICAÇÃO POR MEIO DA IMPRESSÃO 3D (PF3D)	57

7.1 PF3D via *stereolithography* 57

7.2 *Solid ground curing* (Cubital) 60

7.3 PF3D via *laser sinter* 63

7.4 PF3D via *layer laminate manufacturing* (LLM) 66

7.5 PF3D via *fused layer modeling* (FLM) 71

7.6 Extrusora prototipadora (Mühlacker) 78

7.7 *Three dimensional printing* (3DP) 81

7.8 PF3D via *laser-generation* (LG) 83

Referências 84

8.	GERAÇÃO DA TRAJETÓRIA	87

8.1 Estratégias de geração de trajetória no PF3D 87

Referências 89

9.	CARACTERÍSTICAS DE DISPOSITIVOS DOS PROCESSOS DE IMPRESSÃO 3D	91

9.1 Introdução 91

9.2 Sistemas a *laser* 92

9.3 Sistemas por extrusão de material 96

Referências 111

10. VIABILIDADE ECONÔMICA DO PF3D — 113

Referências — 116

11. ESTUDO DE CASO ENTRE PF3D — 119

11.1 Introdução ao estudo de caso — 119

11.2 Geração dos protótipos — 121

11.3 Comparação dos custos dos equipamentos e materiais para SLA e FDM — 121

11.4 Comparação dos parâmetros de preparação e operação dos equipamentos utilizados na PR via FDM e SLA — 122

11.5 Comparação das características das máquinas e dos processos de FDM e SLA — 123

11.6 Comparativo de custos — 125

Referências — 127

12. PROJETO DE IMPRESSORA 3D — 129

12.1 Introdução — 129

12.2 Desenho técnico e impressora 3D montada — 129

Referências — 132

ÍNDICE REMISSIVO — 133

CAPÍTULO 1
Introdução

Neste capítulo é apresentada uma visão geral do processo de fabricação de algum modelo físico via impressão 3D e da tecnologia envolvida. Por fim são indicadas referências acerca do tema para aprofundamento dos conhecimentos.

A globalização do mercado e das indústrias possibilita a disseminação do *know- -how* dos processos de fabricação de produtos e intensifica a concorrência nacional e internacional. Na produção industrial, o desenvolvimento de produtos e processos está em constante aprimoramento, de tal forma que envolve prazos mais curtos e maior qualidade dos produtos. Nesse contexto de alta exigência de inovação e também de redução do ciclo de vida do produto, as empresas podem obter, com o processo de fabricação por meio da impressão 3D (PF3D), maior economia de custos e de tempo, na fase inicial do desenvolvimento de produtos (WESTKÄMPER, 2003).

A concepção de produtos com apoio do PF3D contribui indubitavelmente para a automação e a informatização do fluxo de informações e, consequentemente para sua racionalização entre os departamentos de uma empresa, pois envolve intensa troca de informações na fase de desenvolvimento do produto (WESTKÄMPER, 2003).

Anteriormente ao surgimento do PF3D, as peças e os protótipos eram feitos, de posse do desenho do produto, por meio de máquinas convencionais usadas no chão de fábrica, como tornos, fresadoras, furadeiras, entre outros. Tais processos, de uma maneira geral, encareciam o produto final. Com o PF3D, a fabricação de peças protótipos necessita de integração de tecnologias mecânica, eletrônica e informática em um processo produtivo, de modo a conceber e construir uma peça ou um protótipo em um curto período (FRITZ; NOORANI, 1999; GONÇALVES, 2000; HALLER, SIEGERT, 2000).

As empresas têm buscado no PF3D um meio para diminuir ainda mais o tempo e os custos na introdução de produtos no mercado (BREINTINGER, 2002). Essa tecnologia proporciona a identificação e a correção de erros já no estágio de esboço, durante o processo inicial de desenvolvimento, e ainda a previsão, sem restrições, de formas e geometrias para a construção de protótipos (HELD, 1996).

Especificamente os processos de manufatura necessitam da elaboração de protótipos antes da produção final de uma ferramenta (molde de injeção) ou peças em alta escala. O protótipo é a primeira representação física e sólida do que foi concebido e tem como finalidade confirmar que esse seja o produto desejado antes da sua produção final. A peça ou protótipo deve contribuir com o processo de desenvolvimento do produto, com a redução dos custos e do tempo de projeto, bem como explicitar a interação necessária entre os departamentos da empresa (MACHT, 1999).

A expressão "rápido é melhor" é verdadeira em muitas áreas produtivas (WESTKÄMPFER, 2003). Tudo o que contribui para a redução do *time-to-market*[1] merece atenção especial.

O PF3D, nos dez primeiros anos, desde a introdução da primeira máquina em 1987, alcançou um nível relativamente alto de atividade econômica. Nessa época ele era denominado *rapid prototyping*. O termo *rapid* era usado como palavra-chave para indicar a concepção e a manufatura moderna de produtos de vários segmentos.

O PF3D vem sendo amplamente estudado nos últimos anos (BIRKE, 2002; BREINTINGER, 2002; GEBHARDT, 2000; KASCHKA, 1999; PIEVERLING, 2002; EBENHOCH, 2001; GEIGER, 2000), sobretudo a viabilização econômica da aplicação de máquinas específicas direcionadas para a automação desse processo, melhoria de processos e utilização de novos materiais etc.

REFERÊNCIAS

BIRKE, C. *Der Einsatz von Rapid-Prototyping-Verfahren im Konstruktionsprozeß*. 2002. Tese (Doutorado) – Institut fur Maschinenkonstruktion, Universität Magdeburg, Magdeburg, 2002.

BREINTINGER, F. *Ein ganzheitliches Konzept zum Einsatz des indirekten Metall-Lasersinterns für das Druckgießen*. 2002. Tese (Doutorado) – Lehrstuhl Montagesystemtechnik und Betriebswissenschaften, Technischen Universität München, München, 2002.

EBENHOCH, M. *Eignung von additiv generierten Prototypen zur frühzeitigen Spannungsanalyse im Produktentwicklungsprozeß*. 2001. Tese (Doutorado) – Fakultat Konstruktions und Fertigungstechnik, Universität Stuttgart, Stuttgart, 2001.

---

[1]   *Time-to-market* é o tempo necessário para se introduzir um produto no mercado.

FRITZ, B.; NOORANI, R. Conformação de materiais utilizando ferramental rápido. *Revista Máquinas e Metais*, n. 407, p. 10, dez. 1999.

GEBHARDT, A. *Rapid Prototyping – Werkzeuge für die schnelle Produktentwicklung.* München: Hanser, 2000. 409 p.

GEIGER, M. *Prozeßplanung und Prozeßführung bei Generativen Fertigungsverfahren.* 2000. Tese (Doutorado) – Fraunhofer Institut fur Produktionstechnik und Automatisierung (IPA), Stuttgart, Stuttgart, 2000.

GONÇALVES, A. C. Injeção a baixa pressão de peças metálicas com geometria complexa. *Revista Máquinas e Metais*, n. 410, p. 14, fev. 2000.

HALLER, B.; SIEGERT, K. Produção de protótipos de peças e de ferramentas. *Revista Máquinas e Metais*, n. 410, p. 104-119, mar. 2000.

HELD, M. *Compilergenerierung aus Hardwarebeschreibungen und deren Anwendung für den Entwurf anwendungsspezifischer programmierbarer Prozessoren.* 1996. Tese (Doutorado) – Vom Fachbereich 19 der Technischen Hochschule Darmstadt, Darmstadt, 1996.

KASCHKA, U. *Methodik zur Entscheidungsunterstützung bei der Auswahl und Bewertung von konventionellen und Rapid Tooling-Prozeßketten.* 1999. Tese (Doutorado) – Fakultat fur Maschinenbau und Verfahrenstechnik, Technischen Universität Chemnitz, Aachen, 1999.

MACHT, M. A. *Ein Vorgehensmodell für den Einsatz von Rapid Prototyping.* 1999. Tese (Doutorado) – Institut fur Werkzeugmaschinen und Betriebswissenschaften (IWB), Technischen Universität München, München, 1999.

PIEVERLING, J. C. *Ein Vorgehensmodell zur Auswahl von Konturtfertigungsverfahren für das Rapid Tooling.* 2002. Tese (Doutorado) – Institut fur Werkzeugmaschinen und Betriebswissenschaft (IWB), Fakultat fur Maschinenwesen der Technischen Universität München, München, 2002.

WESTKÄMPER, E. How many rapid technologies does a company need. *In*: *International User's Conference & Exhibition on Rapid Prottotyping & Rapid Tooling & Rapid Manufacturing*, 4., Frankfurt, 2003. p. 7.

WOHLERS, T. T. *Wohlers report 2001. Rapid prototyping & tooling state of the industry annual worldwide progress report.* [S. l.]: Collins; Wohlers Associates, 2001.

CAPÍTULO 2
Histórico da impressão 3D

Neste capítulo é apresentada uma revisão histórica do desenvolvimento das primeiras técnicas para realizar a produção de imagens e, posteriormente, de objetos em 3D. Por fim, são indicadas referências acerca do tema para aprofundamento dos conhecimentos.

2.1 HISTÓRICO DA REPRESENTAÇÃO DE OBJETOS EM 3D

A representação de objetos em 3D teve seus primeiros passos registrados por volta de 1860 (Figura 2.1), via técnica de fotoescultura, cujo propulsor foi o francês François Willème, por meio de suas habilidades de esculpir e fotografar. Ele trabalhou uma técnica para criar esculturas em 3D, como segue: posicionou em círculo 24 câmeras, espaçadamente, para criar esculturas fotográficas de pessoas vivas no local. Cada câmera captava uma posição (perfil) da pessoa e, ao juntar todas as 24 posições, obtinha, de modo rudimentar, uma representação em três dimensões.

Em 3 de maio de 1892, Blanther sugeriu a fabricação de mapas de relevo de contorno usando folhas de cera cortadas e empilhadas e depois alisadas. Tanto impressões positivas quanto negativas são feitas, e um mapa de papel impresso pode ser pressionado entre os dois, mostrando elevações e depressões que representam montes e vales, até uma escala relativa. Mais adiante, os trabalhos seguem sendo desenvolvidos na linha da topografia, conforme a linha do tempo apresentada na Figura 2.1.

O australiano Frederick Hutchison Monteath, em 1922, patenteou um processo fotomecânico para produção de baixos-relevos. Tal processo consistia em produzir relevos de retratos e outros objetos utilizando gesso, cera ou substâncias semelhantes por posterior cobrimento em bronze para, assim, obter uma camada superficial do objeto. Outra aplicação seria como moldes ou matrizes para a produção em série de objetos.

O japonês Isao Morioka, em 1933, propôs um processo que era um *mix* de fotoescultura e topologia para a reprodução de estátuas semelhantes aos objetos então fotografados. O processo inicial era posicionar um objeto sobre um disco giratório que se movia suavemente descrevendo uma linha vertical (Figura 2.1), no objeto, por meio da rotação do disco. Simultaneamente ao movimento, fotografava, com o uso de um filamento linear de luz elétrica incandescente, as curvas das linhas de contorno de um objeto. Tais linhas eram reveladas em folhas e, de modo topológico, eram empilhadas umas sobre as outras, ou projetadas sobre o material de escultura.

Trabalhos de fotoescultura foram feitos ainda por Morioka, em 1940, e por Otto John Munz, em 1951, que patenteou um dispositivo (Figura 2.1) cuja função era expor uma camada de fotoemulsão confinada em um recipiente em forma de cilindro, e este se movia para baixo, pois estava acoplado a um motor. Cada camada do objeto, com seu formato, era obtida por um corte transversal por meio do movimento e com o uso de uma máquina de foto. Dois dispositivos tinham a função de adicionar emulsão e um fixador. Esse sistema foi o predecessor da estereolitografia.

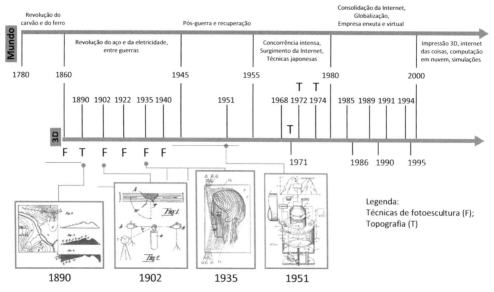

Figura 2.1 Cronologia dos acontecimentos históricos no mundo e na técnica de 3D a partir de 1780.

As pesquisas ocorridas até 1980 (Figura 2.1) serviram de base para o *boom* do desenvolvimento do processo de impressão 3D, que se intensificaram dos anos 1980 ao início dos anos 2000, de modo que as primeiras empresas desse segmento, como a 3D Systems, começaram a surgir em 1983 – tendo como estratégia para a fabricação de peças o uso do *laser* incidindo sobre a superfície de uma resina líquida. Em 1985 foi fundada a Heliysis, que fabricava peças em 3D com a estratégia de sobrepor folhas de papel umas sobre as outras com cola e cortando-as com uso do *laser*. Tais processos serão descritos em detalhes no Capítulo 8.

Em 1987, ocorre a fundação da DTM, com a estratégia de fabricar peças via *selective laser sintering* (SLS) ou, em tradução livre, sinterização seletiva via *laser*. Com a mesma estratégia de fabricação foi fundada, em 1989, a EOS (Electro Optical Systems).

Em 1990, foi desenvolvido o processo de modelagem por depósito de material fundido (*fused seposition modeling* – FDM) pelo inventor Scott Crump, cofundador da empresa Stratasys Ltda.

Em 1991 foi fundada a Soligen, executando o processo denominado *three dimensional printing* (3DP). Com essa estratégia, a construção da peça é feita por meio da injeção de material liquefeito sobre material em pó, que é absorvido e se solidifica. Ressalta-se que tais processos serão descritos em detalhes no Capítulo 8.

Em 1993, professores do Massachusetts Institute of Technology (MIT) patentearam o primeiro equipamento denominado impressora 3D para imprimir plástico, metal e peças cerâmicas.

Em 1994, surgem a ModelMaker, da empresa estadunidense Sanders Prototype, usando um sistema de jato de cera (Figura 2.1); a Solid Center, da empresa japonesa Kira Corp., utilizando um sistema de *laser* guiado e um *plotter* XY para a produção de moldes e protótipos por laminação de papel; o sistema de estereolitografia da empresa Fockele & Schwarze, da Alemanha; e o sistema EOSINT, da também alemã EOS, baseado em sinterização.

Em 1996, o sistema Personal Modeler 2100, da empresa Ballistic Particle Manufacturing Technology, foi lançado e vendido comercialmente, sistema este que produz peças a partir de um cabeçote de jato de cera (ASHLEY, 1995). A empresa Aaroflex, dos Estados Unidos, passou a comercializar o sistema SOMOS em estereolitografia da multinacional DuPont, e a empresa Stratasys lançou seu produto Genesys, baseado em extrusão, similar ao processo FDM, mas utilizando o sistema de impressão 3D desenvolvido no centro de desenvolvimento da IBM (IBM's Watson Research Center).

Outras empresas que podem ser destacadas incluem Helysis Corp., Organovo Corp., uma empresa que imprime objetos de tecido humano vivo, e Ultimaker, que produz impressoras 3D comerciais. Equipamentos de código aberto, como o RepRap,[1] são projetos que visam reduzir o preço de fabricação de impressoras 3D para uso geral.

Em termos de periódicos especializados em processos de impressão 3D, tem-se o *Wohlers Associates*, datado de 1987, e o *Rapid Prototyping Journal*, publicado desde 1995.

REFERÊNCIAS

ASHLEY, S. Rapid prototyping is coming of age. *Mechanical Engineering*, v. 117, n. 7, p. 62-70, 1995.

---

[1] Mais informações em: http://reprap.org/. Acesso em: 11 mar. 2020.

BEAMAN, J. J. Historical Perspective. *JTEC/WTEC Panel Report on Rapid Prototyping in Europe and Japan*, 1997.

BETHANY C.; GROSS, J. L. Evaluation of 3D Printing and Its Potential Impact on Biotechnology and the Chemical Sciences. *Analytical Chemistry*, p. 3240-3253, 2014.

BLANTHER, J. E. Manufacture of contour relief maps. US Patent N. 473.901. 1892.

GRIFFITH, M. L.; HALLORAN, J. W. Freeform fabrication of ceramics via stereolithography. *Journal of the American Ceramic Society*, v. 79, n. 10, pp. 2601-2608, 1996.

HULL, C. Apparatus for production of three-dimensional objects by stereolithography. US Patent N. 4575330 A. 1984.

KIETZMANN, J.; PITT, L.; BERTHON, P. Disruptions, decisions, and destinations: enter the age of 3-D printing and additive manufacturing. *Business Horizons*, v. 58, n. 2, p. 209-215, 2015.

KODAMA H. Automatic method for fabricating a three-dimensional plastic model with photohardening polymer. *Rev. Sci. Instrum.*, p. 1770-1773, 1981.

KRUTH, J.-P. Binding mechanisms in selective laser sintering and selective laser melting. *Rapid Prototyping Journal*, v. 11, n. 1, p. 26-36, 2005.

LIOU, F. *Rapid prototyping and engineering applications*: a toolbox for prototype development. New York: Taylor and Francis, 2008.

LIPSON, H.; KURMAN, M. *Fabricated*: the new world of 3D printing. Indianapolis: John Willey & Sons, 2013.

MUNZ, O. J. Photo-glyph recording. US Patent N. 2775758. 1956.

PRINZ, F. B. *et al. JTEC/WTEC panel on rapid prototyping in Europe and Japan*. Baltimore: Rapid Prototyping Association of the Society of Manufacturing Engineers in Cooperation with International Technology Research Institute, 1997.

SCHODEK, D. *et al. Digital design and manufacturing*. New Jersey: John Wiley and Sons, 2005.

VENTOLA, C. L. Medical applications for 3D printing: current and projected uses. *Pharmacy and Therapeutics*, v. 39, n. 10, p. 704-714, 2014.

ZEIN, I. E. Fused deposition modeling of novel scaffold architectures for tissue engineering applications. *Biomaterials*, v. 23, n. 4, p. 1169-1185, 2002.

CAPÍTULO 3
Tecnologia do processo de fabricação por meio da impressão 3D

Neste capítulo, apresenta-se uma visão geral do processo de fabricação de protótipo via impressão 3D e da tecnologia envolvida. Por fim, são indicadas referências acerca do tema para aprofundamento dos conhecimentos.

A tecnologia do processo de fabricação por meio da impressão 3D (PF3D) teve sua aplicação prática com a implementação da primeira máquina em 1987, e em 1993 o cenário dessa tecnologia já atingia considerável evolução. Nessa época, os altos custos das máquinas do PF3D, o tempo ainda elevado do processo, a pouca disponibilidade de materiais e a pouca precisão das peças de protótipos resultantes limitavam a aceitação dos sistemas do PF3D e eram obstáculos à sua efetiva integração no sistema industrial e aplicação em outras áreas. Esses desafios contribuíram para o aprimoramento dos sistemas do PF3D e, posteriormente, possibilitaram uma aplicação variante denominada *rapid tooling*[1] (RT, ou "ferramentaria rápida", em tradução livre) (LINDNER, 2002) para atender às exigências do mercado diante de novas tarefas e desafios no desenvolvimento de produtos.

A tecnologia do PF3D apresenta as seguintes características:

- O princípio de construção do protótipo é a adição de material em camadas sobrepostas umas sobre as outras (PIEVERLING, 2002; BOURELL *et al.*, 1996).

---

[1]   O termo *rapid tooling* pode ser entendido como a geração e manufatura rápida de ferramentas, como moldes ou matrizes, sem uso de máquinas operatrizes. O protótipo gerado é uma ferramenta pronta para o uso.

- A peça de protótipo construída é um modelo físico, um mostruário e um meio visual de comunicação como um mostruário (PIEVERLING, 2002).

- Erros de projeto de produtos e outros problemas, como falha de fechamento de superfícies, durante o processo de desenvolvimento, são facilmente descobertos, o que permite alterações e correções ainda na etapa inicial do desenvolvimento do produto.

- Ainda na fase de concepção do produto, via modelagem tridimensional, pode-se desenvolver e trabalhar geometrias complexas, que poderão ser construídas na máquina do PF3D (KÜNSTNER, 2002).

- O PF3D oferece flexibilidade para alterar um produto, prever tempos de construção, ainda na fase de desenvolvimento, sem uso de recursos, equipamentos e pessoal adicionais, e isso possibilita determinar o custo do produto no estágio de desenvolvimento do projeto, com o custo da construção (KIMURA, 2002).

- O desenvolvimento da peça do protótipo contribui para a especificação dos dados do produto e gestão do processo de produção no sentido de envolver a estruturação do fluxo de informações entre diversos departamentos da empresa. Assim, todos os dados da peça do protótipo são transferidos e armazenados para posterior trabalho, como a definição da trajetória do *laser* sobre uma superfície. Isso é realizado nos *softwares* da máquina do PF3D para o processo de sua construção. Assim, esses dados são importantes para o aprimoramento do produto e do processo de fabricação (BRANDNER, 1999).

- Como o processo de construção das peças dos protótipos é automatizado, é possível a previsão e determinação mais criteriosa do tempo de desenvolvimento de produtos.

- Possibilita a construção de peça de protótipo com precisão centesimal, nível de detalhamento, acabamento superficial, dimensões da área de trabalho (envelope), características tecnológicas mecânicas como resistência mecânica, processos subsequentes etc. (GEBHARDT, 2000).

Tais características potencializam o uso do PF3D na melhoria do processo de desenvolvimento de produtos, mas a sua adoção como ferramenta de desenvolvimento de produtos deve ser analisada e considerada junto com outros fatores, como: disponibilidade de um sistema CAD 3D (*Computer-Aided Design – Three Dimensional*) para a modelagem da forma volumétrica da peça do protótipo considerado; avaliação econômica do processo do PF3D, atendendo à exigência da qualidade dentro de certas restrições de tempo; custos diretos e indiretos envolvidos no PF3D; capacidade e desempenho do sistema do PF3D; tempo e outros recursos envolvidos na preparação da máquina; custos e outras características do material a ser utilizado e trabalhado na construção da peça do protótipo; necessidade de retrabalho etc. Tais considerações são fundamentais na análise de adoção de um sistema do PF3D para o desenvolvimento de produtos (vide o Capítulo 11).

Nos itens subsequentes, far-se-á uma descrição da tecnologia do PF3D no tocante a sua aplicação e principais características em termos de geração de dados, *softwares* utilizados e tipos de processo e materiais utilizados.

3.1 APLICAÇÃO DO PF3D

Conforme mostra a Figura 3.1, é possível dividir a utilização do PF3D no desenvolvimento de produtos em três grupos básicos. O primeiro grupo envolve a construção da peça de protótipos para análise de funcionalidade e de sua forma geométrica, isto é, para análise da aplicabilidade. Dessa análise derivam-se importantes mecanismos para quantificar a matéria-prima a ser utilizada e prever as dimensões e precisões envolvidas no produto. Esses casos, juntos, somam 28% dos casos de utilização do PF3D (WOHLERS, 1998).

No segundo grupo, frequentemente as peças dos protótipos construídas são modelos físicos da aparência externa de produtos ou propostas intuitivas (mostruário), que correspondem a 41% dos casos de utilização do PF3D. Nesses casos, a facilidade e rapidez de fabricação da peça do protótipo e o seu custo são fatores fundamentais, isto é, o PF3D só é justificado quando efetivamente facilita a etapa inicial de desenvolvimento de produtos.

O terceiro grupo, o PF3D é utilizado para satisfazer a exigência de alguns processos, por exemplo, a fundição sob pressão, que necessita de moldes especiais. Nesses casos, a peça do protótipo obtida é o molde que deve ter alta precisão dimensional, excelente acabamento superficial, adequada resistência ao calor e satisfatória dureza.

Vídeo com exemplo da aplicação do processo de impressão 3D na fundição em areia:

http://livro.link/pfi1

Vídeo com exemplo da aplicação do processo de impressão 3D na área de odontologia:

http://livro.link/pfi2

Vídeo com exemplo da aplicação do processo de impressão 3D na área de aeronáutica:

http://livro.link/pfi3

Vídeo com exemplo da aplicação do processo de impressão 3D na área automotiva:

http://livro.link/pfi4

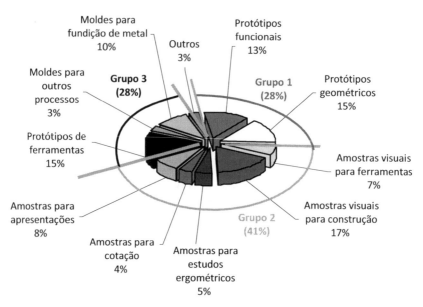

Figura 3.1 Uso industrial dos processos de PF3D (WOHLERS, 1998).

Já na Figura 3.2 mostra-se a distribuição em termos da utilização do PF3D em diferentes segmentos do mercado, por exemplo: automobilística, aeronáutica, medicina, entre outras (WOHLERS, 2000). No Capítulo 11 há um estudo de caso de aplicação do PF3D em um desses segmentos, como artigos de consumo.

Figura 3.2 Utilização do PF3D por área (WOHLERS, 2000).

3.2 VISÃO GERAL DA TECNOLOGIA DO PF3D

A etapa inicial para se obter uma peça de protótipo envolve o desenho, isto é, as representações geométricas do modelo sólido com apoio de um sistema CAD (Figura 3.3). Inicialmente, neste sistema CAD, tem-se a etapa de concepção do modelo em 3D da peça do protótipo e definição de sua forma geométrica (GEUER, 1996), que são armazenadas, em geral, no formato STL[2] (ver mais detalhes no Capítulo 4, item 4.2). Os dados geométricos em arquivo representam o modelo em 3D do protótipo, que é então "fatiado" com um *software* apropriado, de acordo com a especificação da máquina do PF3D. As fatias ou camadas do modelo do protótipo são verificadas no intuito de corrigir eventuais erros oriundos da fase de desenvolvimento do modelo sólido do protótipo no sistema CAD. Nessa etapa também é feita, se necessária, a correção de falhas quando não ocorre o "fechamento" dos planos de superfície do desenho do modelo sólido do protótipo. Esse tratamento é essencial para a construção da peça do protótipo.

Vídeos com as etapas de uso da tecnologia de impressão 3D:

http://livro.link/pfi5

http://livro.link/pfi6

A seguir, define-se a trajetória para processos que necessitam de deslocamentos nos eixos X e Y ou somente em X – essas duas possibilidades de trajetórias serão discutidas no Capítulo 8, que trata da geração da trajetória.

Nas etapas finais desse procedimento, obtém-se a peça do protótipo através de um dos processos gerativos, que posteriormente poderá necessitar de operações de acabamentos ou pós-processamentos (Figura 3.3).

Observa-se que, desde o lançamento da primeira máquina do PF3D, em 1987, até os dias de hoje, novos processos e novas máquinas têm sido desenvolvidos, de modo que foram descritas aqui as etapas gerais e mais comumente encontradas.

---

[2] STL é a abreviação do inglês *stereolithography tesselation language* e representa um formato de arquivo que gera finitos triângulos. Esses triângulos representam toda a superfície do modelo, para que ele seja reconhecido, no *software* de fatiamento, por triângulos e fatiado em camadas de espessura fina.

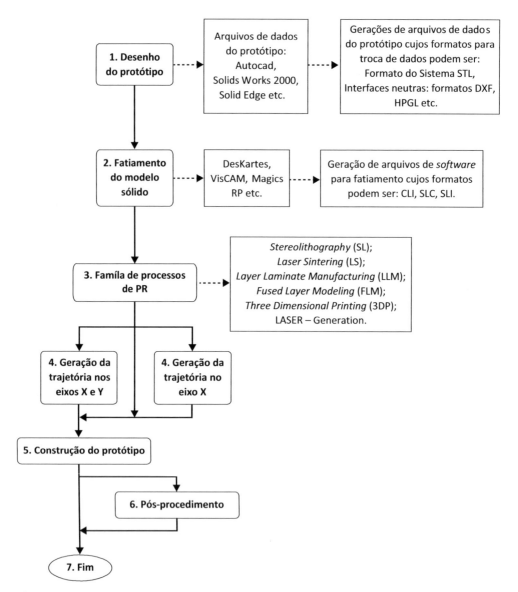

Figura 3.3 Visão geral das etapas da utilização de PF3D, desde o desenho até a fabricação da peça do protótipo.

Com base nas etapas de utilização do PF3D, tem-se a sequência de trabalho no sistema do PF3D para se fabricar uma peça de um protótipo, como segue:

1. Modelo no CAD

- Geração do modelo em 3D no CAD (Figura 3.4-A).

2. Arquivamento

- O arquivo no CAD pode ser armazenado em formato *tessellated*, STL (Figura 3.4-B), que é uma forma muito usada de entrada nas máquinas do PF3D.

3. Geração da estrutura de suporte

- Evitar algum desnivelamento da plataforma.
- Assegurar que o modelo possa ser gerado com sucesso.
- Proporcionar que a base que tem o modelo seja removida facilmente.

4. Fatiamento

- A peça e a estrutura de suporte devem ser fatiadas (Figura 3.4-C).
- A peça é matematicamente seccionada, pelo *software*, em camadas paralelas e horizontais ao longo do eixo Z (Figura 3.4-D).
- Cada secção da camada é armazenada, e suas coordenadas (X e Y), transferidas para posterior elaboração da trajetória (Figura 3.4-E).

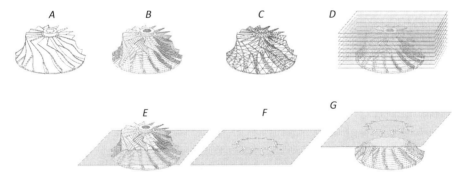

Figura 3.4 Sequência de trabalho no sistema de PF3D.

5. Trajetória do(s) injetor(es) ou do foco do *laser*

- Determinação da trajetória do material a ser depositado ou foco do *laser* que, se deslocando nos eixos X e Y ou somente no eixo X, descreverá o perfil da camada seccionada (Figura 3.4-F).
- Seleção da linha com valor de compensação e do fator de contração.

6. Interface – máquina do PF3D

- O modelo processado e a estrutura têm seus dados tratados em formatos como STL (*stereolitography tesselation language*), SLC (*stereolithography contour*), CLI (*common layer interface*), RPI (*rapid prototyping interface*), LEAF (*layer exchange ASCII format*), LMI (*layer manufacturing interface*), HPGL (*Hewlett Packard graphics language*). Tais interfaces serão descritas no Capítulo 6.

7. Fabricação de uma peça do protótipo

- A seguir fabrica-se a peça do protótipo camada por camada (Figura 3.4-G).

8. Operações posteriores

- Retirada de suporte.
- Acabamento.

REFERÊNCIAS

BOURELL, D. L. *et al.* Current and future trends in solid freeform fabrication. *The International Society for Optical Engineering*, v. 2910, p. 104-112, Nov. 1996.

BRANDNER, S. *Integriertes Produktdaten- und Prozeßmanagement in virtuellen Fabriken*. 1999. Tese (Doutorado) – Lehrstuhl fur Betriebswissenschaften und Montagetechnik, Technischen Universität München, München, 1999.

GEBHARDT, A. *Rapid Prototyping – Werkzeuge für die schnelle Produktentwicklung*. München: Hanser, 2000. 409 p.

GEIGER, M. *Prozeßplanung und Prozeßführung bei Generativen Fertigungsverfahren*. 2000. Tese (Doutorado) – Fraunhofer Institut fur Produktionstechnik und Automatisierung (IPA), Stuttgart, Stuttgart, 2000.

GEUER, A. *Einsatzpotential des Rapid Prototyping in der Produktentwicklung*. 1996. Tese (Doutorado) – Fakultat fur Maschinenwesen, Technischen Universität München, München, 1996.

KIMURA, I. *Product development with mathematical modeling, rapid prototyping*. 2002. Tese (Doutorado) – Fakultat fur Maschinenbau, Otto von Guericke Univeristat Magdeburg, Magdeburg, 2002.

KÜNSTNER, M. *Beitrag zur Optimierung des Multiphase Jet Solidification (MJS) – Verfahrens zur Freiformenden Herstellung funktionaler Prototypen*. 2002. Tese (Doutorado) – Universität Bremen, Bremen, 2002.

LINDNER, F. *Vergleichende Analyse zur Seriennähe von Rapid Tooling- Prozessketten und spritzgegossenen Kunststoffprototypen*. 2002. Tese (Doutorado) – IKV-Berichte aus der Kunststoffverarbeitung, Fakultat fur Maschinenwesen der Rheinisch-Westfalischen Technischen Hochschule (RWTH), Aachen, 2002.

PIEVERLING, J. C. *Ein Vorgehensmodell zur Auswahl von Konturtfertigungsverfahren für das Rapid Tooling*. 2002. Tese (Doutorado) – Institut fur Werkzeugmaschinen und Betriebswissenschaft (iwb), Fakultat fur Maschinenwesen der Technischen Universität München, München, 2002.

WOHLERS, T. T. *Wohlers Report Rapid Prototyping & Tooling State of the Industry Annual Worldwide Progress Report*. Collins: Wohlers Associates, 1998.

WOHLERS, T. T. *Wohlers Report 2001*. Collins: Wohlers Associates, 1998.

CAPÍTULO 4
Geração de arquivos de dados do modelo em 3D

Neste capítulo são apresentados vários softwares para fatiamento do modelo em 3D com interface baseada no STL e formatos neutros. Descreve-se ainda como se realiza a geração de arquivos de dados do modelo. Por fim, são indicadas referências acerca do tema para aprofundamento dos conhecimentos.

É possível desenvolver ou alterar o desenho em 3D da peça com a ajuda de diferentes *softwares*, sendo que os dados do modelo da peça podem ser armazenados em formatos específicos ou não. Um formato de arquivo de dados muito usado para esses casos é o STL (*stereolithography tesselation language*) (BRANDNER, 1999). A maioria dos sistemas CAD possui interface para manipular dados no formato STL.

4.1 *SOFTWARE* PARA FATIAMENTO

A segunda etapa de desenvolvimento do modelo em 3D da peça é o fatiamento do seu modelo sólido (Figura 4.1) e a geração das camadas do modelo em *software* apropriado.

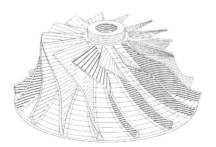

Figura 4.1 Exemplo de imagem de um modelo fatiado.

Nos projetos desenvolvidos no sistema CAD, são especificadas as informações geométricas dos dados de contorno do modelo sólido, que são consideradas então para decompor na forma de elementos de um objeto fatiado e exportá-los para a fabricação da peça no sistema de PF3D (GEIGER, 2000).

Nesta fase geram-se formas livres e complexas do modelo em 3D. Trabalha-se (em arquivo STL) o modelo sólido, que pode eventualmente ter alguma falha, isto é, pode-se ter algum problema de fechamento da superfície devido à desunião de vértices de um ou mais triângulos vizinhos (Figura 4.2).

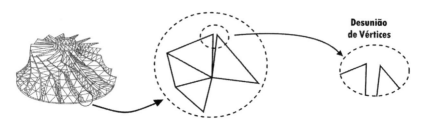

Figura 4.2 Falha de fechamento.

Pode-se escolher um ou outro sistema CAD, pois há no mercado diferentes exemplos: DesKartes, Viscam e Magiscs, entre outros, que possibilitam a identificação e correções de problemas de falhas, assim como trabalhar os parâmetros tecnológicos (deslocamento, informações do material etc.), que devem ser ajustados durante o processo de fabricação do modelo em 3D, principalmente durante a comunicação entre *software* e máquina de PF3D, de modo a possibilitar a solução de muitos problemas de qualidade que surgem na fase de desenvolvimento do modelo em 3D no sistema CAD.

4.1.1 INTERFACE PADRÃO CAD

Como a representação geométrica interna no computador varia entre os diversos sistemas CAD (para mesmo modelo geométrico), o intercâmbio direto de dados entre sistemas CAD é problemático, já que não há necessariamente uma relação de 1:1 entre elementos dos vários modelos de dados, mas sim 1:n ou até mesmo nenhuma relação possível. Por esse motivo foram desenvolvidas interfaces padrões que, primeiramente, transformam os dados de um modelo CAD em "formato padrão", de maneira tal que eles possam ser convertidos para outro sistema. A seguir listam-se algumas das interfaces mais conhecidas.

4.2 INTERFACE STL E FORMATOS NEUTROS

4.2.1 INTERFACE STL

STL é a abreviação do inglês *stereolithography tesselation language* e representa um formato de arquivo desenvolvido pela empresa 3D Systems, em 1987, que gera finitos triângulos. Esses triângulos representam toda a superfície do modelo, para que ele seja reconhecido, no *software* de fatiamento, por triângulos e fatiado em camadas de espessura fina. Essa forma de trabalhar os dados no sistema CAD não satisfaz a troca de dados com todos os sistemas de PF3D, pelo fato de não haver reconhecimento da forma dos dados em STL por outros sistemas, e deseja-se a padronização dos dados em uma interface com forma neutra, ou seja, que transforma o formato STL em uma "interface especial", a qual terá simplesmente uma forma particular, pois o número de interfaces cresceu também com o sistema CAD, que, em parte, faz com que uma interface concorra com as outras. Para a aplicação no PF3D são necessários somente os dados geométricos sem nenhuma informação adicional, que normalmente está contida em todos os sistemas CAD.

Normalmente converte-se o arquivo 3D no formato STL, pois essa extensão é usada para o reconhecimento dos dados em quase todas as máquinas do PF3D pelos diversos processos que serão citados posteriormente.

O formato STL representa o modelo pela união de vários triângulos dispostos e endereçados que geram uma malha triangular. O arquivo STL contém informações sobre as coordenadas X, Y e Z e o vetor normal que define cada triângulo, conforme demonstrado na Figura 4.3.

Vídeo sobre a interface STL:

http://livro.link/pfi8

http://livro.link/pfi9

http://livro.link/pfi10

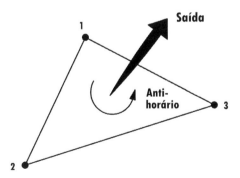

Figura 4.3 Representação de um triângulo do arquivo STL.

Fonte: Florida State University.

A Figura 4.4 demonstra um cubo representado pela malha triangular gerada nos arquivos STL. Pode-se perceber que cada face do cubo está representada por dois triângulos, sendo que o vetor normal de cada triângulo apresenta direção voltada à região interna do cubo, representando, assim, o modelo 3D do cubo em formato STL.

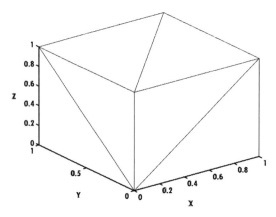

Figura 4.4 Representação de um cubo por triângulos.

Fonte: Florida State University.

Segundo Capuano (2000, p. 36), essa transformação descreve superfícies planas. Para a representação de superfícies curvas complexas com precisão, é necessário gerar uma grande quantidade de triângulos, o que torna o arquivo STL grande quando comparado a outras extensões de representação de arquivos 3D, e isso requer maior tempo de processamento das informações de construção do modelo nas máquinas do PF3D, tornando o PF3D mais demorado.

A qualidade do arquivo STL pode influenciar o acabamento superficial do modelo em 3D obtido pelas técnicas do PF3D.

A seguir serão descritos os formatos STL e neutros.

4.2.1.1 Formato STL

A obtenção e o tratamento dos dados para o PF3D são feitos com base nas informações tridimensionais do desenho advindas do CAD (Figura 4.5), que armazena e exporta dados STL. Os dados dos sistemas CAD podem ser processados para gerar um arquivo *tessellated* (extensão: stl), que é conhecido como *stereolithography*, um padrão de formato para as máquinas do PF3D (MÜLLER; WEITZEL, 2002).

Um arquivo de dados em formato STL compõe a descrição das faces que formam a superfície dos objetos. Uma sentença de dados do STL descreve a superfície do modelo do sólido (Figura 4.5) como se fosse um conjunto de semiplanos na forma de triângulos interligados pelas duas arestas, ou seja, todos os lados de um desses triângulos envolvem três faces vizinhas, e cada face tem dois vértices em comum com outro triângulo.

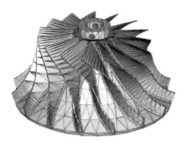

Figura 4.5   Exemplo da imagem na tela de um computador de um modelo STL.

A exportação dos dados STL pode ser feita em dois formatos: STL-ASCII e STL--binário:

- **STL-ASCII** (*American Standard Code for Information Interchange*): é uma forma de código representada por caracteres como: letras, dígitos, sinais de pontuação, códigos de controle e outros símbolos. Também denomina o arquivo texto que foi editado sem qualquer recurso associado (acentuação, negrito, sublinhado, fontes de letras etc.).

- **STL-binário**: é uma forma de codificação representada por número de dois dígitos, usada para representação interna de informação nos computadores, como: arquivos de imagens, arquivos de sons, arquivos gerados por planilhas eletrônicas, arquivos gerados por editores de texto que incluam acentos, fontes de letra, negrito, sublinhado etc.

Utiliza-se, geralmente o formato STL-binário, que é a linguagem de máquina, e, dessa forma, a exigência de memória para armazenamento de dados é menor. Nesse caso os dados de uma superfície são descritos por meio de informações dos endereços dos triângulos, isto é, existe uma lista de triângulos, cuja união representa o formato da superfície do produto (GEBHARDT, 2000; GEUER, 1996). No formato STL-ASCII, todo triângulo é endereçado por cada vértice e um vetor normal (Figura 4.6), os quais servirão de orientação da trajetória do injetor ou foco do *laser* em relação aos eixos X e Y; essa orientação é adotada no sentido anti-horário dos vértices. Isso é possível porque todo triângulo é unido por dois vértices (regra da mão direita) com outro triângulo vizinho, o que permite tal sequência.

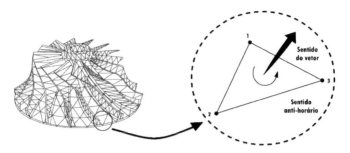

Figura 4.6 Grandezas geométricas de cada triângulo.

As informações dos vértices dos triângulos, da normal em forma de sentenças de dados no formato STL-ASCII (Figura 4.7-B), são cerca de cinco vezes maiores que no formato STL-binário. Entretanto, o formato STL-ASCII é preferencial para a correção de erros, pois a verificação pode ser visual (Figura 4.7-A), embora seja pouco indicado para a aplicação prática, pois a exigência de memória de dados de armazenamento é maior se comparado ao formato STL-binário.

Na Figura 4.7-A, para o formato ASC-II, as informações dos dados de cada triângulo são dadas através de palavras-chave (em negrito), cujos valores n_x, n_y, n_z correspondem à normal e os pontos ($p1_x\ p1_y\ p1_z\ p2_x\ p2_y\ p2_z\ p3_x\ p3_y\ p3_z$) correspondem aos vértices do triângulo. O formato binário é dado por meio de uma tabela com colunas que correspondem ao número de bytes.

solid name
  facet normal, $n_x\ n_y\ n_z$
    outer loop
      vertex $p1_x\ p1_y\ p1_z$
      vertex $p2_x\ p2_y\ p2_z$
      vertex $p3_x\ p3_y\ p3_z$
    enloop
  endfacet
endsolid name

a

Bytes	Tipos de dados	Valores dos dados
80	ASCII	
4	float	n_x
4	float	n_y
4	float	n_z
4	float	$p1_x$
4	float	$p1_y$
4	float	$p1_z$
4	float	$p2_x$
4	float	$p2_y$
4	float	$p2_z$
4	float	$p3_x$
4	float	$p3_y$
4	float	$p3_z$
2	Integrador não indicado	Atributo

b

Figura 4.7 Formato das interfaces: (a) STL ASCII; (b) STL binário.

Fonte: Gebhardt (2000).

4.2.1.2 Formatos neutros

O STEP (*STandard for the Exchange of Product model data*) é uma proposta alternativa de desenvolvimento de formatos neutros para a troca de dados. Quando os dados estão sendo trocados entre diferentes sistemas de computadores, existem dois cenários:

1) Os dados podem ser utilizados em *software* adequado de conversão para transferir dados entre os sistemas específicos. Essa alternativa requer n(n-1) (em que "n" é o número de sistemas) no programa conversor.

2) Ser usado um formato neutro intermediário, que requer 2n. Em função da tendência natural de desenvolvimento de novos sistemas, formatos neutros tornam-se mais viáveis e econômicos.

Os mais importantes formatos neutros são descritos resumidamente a seguir:

- *IGES* (*Initial Graphics Exchange Specification*): é um padrão definido mundialmente que pode reconhecer formas geométricas e realizar interface com sistemas do PF3D, mas apresenta muitas variações da forma da geometria reconhecida, a qual deve ser precisamente especificada para posterior trabalho na máquina do PF3D.

- *VDAIS* (*Verband der Automobilhersteller*): proposto pela Associação Alemã dos Fabricantes de Automóveis, é uma interface relativamente limitada quanto ao volume de elementos da superfície de uma geometria. Tem o mesmo número de variações que a IGES e exige que essa limitação seja avaliada para a troca de dados com o sistema do PF3D.

- *VDAFS* (*Verband der Automobilhersteller – Flächenschnittstelle*): proposto pela Associação Alemã dos Fabricantes de Automóveis, especializou-se na transmissão da forma da superfície geométrica de um objeto e tem, devido a essa particularidade, grande aceitação na indústria automobilística.

- *SET* (*Standard d'échange et de transfer*): é um padrão francês para troca de dados e arquivos de sistemas CAD. Foi desenvolvido em 1983, como um formato neutro de arquivo para trocar dados entre diferentes sistemas CAD na área aeroespacial. O objetivo era desenvolver uma alternativa mais confiável que a IGES. Transformou-se, em 1985, no padrão oficial francês para troca de dados.

- *STEP* (*STandard for the Exchange of Product model data*): os formatos IGES, VDAFS e SET foram adotados pelo STEP como um padrão ISO (International Organization for Standardization), cujo objetivo é cobrir todos os aspectos do ciclo de desenvolvimento do produto nas indústrias. Sendo um modo de verificação e transmissão de dados geométricos dos elementares de um objeto e também informações de parâmetros operacionais de construção do objeto, o formato STEP permite a manipulação dos dados e a transmissão do modelo do programa CAD para a máquina do PF3D.

REFERÊNCIAS

BRANDNER, S. *Integriertes Produktdaten- und Prozeßmanagement in virtuellen Fabriken.* 1999. Tese (Doutorado) – Lehrstuhl fur Betriebswissenschaften und Montagetechnik, Technischen Universität München, München, 1999.

CAPUANO, E. A. P. *Análise crítica do papel da Prototipagem Rápida voltada ao desenvolvimento de produtos.* 2000. Dissertação (Mestrado em Engenharia de Produção) – Universidade de São Paulo (USP), São Paulo, 2000.

GEBHARDT, A. *Rapid Prototyping – Werkzeuge für die schnelle Produktentwicklung.* München: Hanser, 2000. 409 p.

GEIGER, M. *Prozeßplanung und Prozeßführung bei Generativen Fertigungsverfahren.* 2000. Tese (Doutorado) – Fraunhofer Institut fur Produktionstechnik und Automatisierung (IPA), Stuttgart, Stuttgart, 2000.

GEUER, A. *Einsatzpotential des Rapid Prototyping in der Produktentwicklung.* 1996. Tese (Doutorado) – Fakultat fur Maschinenwesen, Technischen Universität München, München, 1996.

MÜLLER, D. H.; WEITZEL, R. *Datenverarbeitung und Prozessplanung für Rapid Prototyping Verfahren.* Disponível em: http://www.ppc.biba.unibremen.de/projects/rp/Download/RP_Datenverarbeitung.pdf. Acesso em: 20 set. 2003.

CAPÍTULO 5
Geração de arquivos para fatiamento

Neste capítulo, apresenta-se um resumo dos vários tipos de formatos para o fatiamento do modelo. São descritos os principais formatos de troca de dados para máquinas com Solid Free Form. Com isso, pode-se ter uma visão geral de tais formatos e suas características tanto em 3D quanto em 2D. Por fim, são indicadas referências acerca do tema para aprofundamento dos conhecimentos.

5.1 FORMATO DE ARQUIVO PARA FATIAMENTO

Macht (1999) discorre sobre a escolha do formato do arquivo para sistemas do PF3D. Essa escolha está relacionada com o grau de integração desejada do sistema do PF3D, que envolve desde o desenho inicial da peça do protótipo, passando pela preparação dos dados geométricos e tecnológicos para o desenvolvimento de produtos, como as soluções de problemas durante o fatiamento do protótipo, culminando com a construção da peça do protótipo.

Na Tabela 5.1, observa-se que os sistemas CAD trabalham dados em 3D, que é o formato padrão STL, mas que é possível também trabalhar dados em 2D, utilizados, por exemplo, nos *softwares* de captação de imagens via escaneamento tomográfico e na engenharia reversa. Esse formato requer um *software* específico de tratamento dos contornos dos objetos obtidos pelo escaneamento e a correção de eventuais erros de curvas do contorno do objeto para posterior fatiamento em 2D. Com isso, reduzem-se erros, por exemplo, de fechamento, o que possibilita reproduzir melhor a superfície do sólido e ainda obter arquivos de tamanho menor. Em face dessas limitações, o formato 2D não é largamente aceito em sistemas do PF3D.

A seguir, é descrita a maioria dos formatos de arquivos para o PF3D:

C1) Formato 2D: dados escaneados, dados da fatia (contornos):

- SLC (*Stereolithography Contour*), da empresa 3D Systems: é um formato utilizado na transferência dos dados de cada fatia do modelo do protótipo e para preparação dos parâmetros de construção nos PF3D via *stereolithography*.

- CLI (*Common Layer Interface*), da empresa EOS: é a representação fatiada do modelo do protótipo para a entrada dos dados de sua geometria para processos baseados na tecnologia *layer manufacturing technologies* (LMT).

- HPGL (*Hewlett Packard Graphics Language*): é um formato para o reconhecimento de contornos para a plotagem, o qual aproveita o contornamento realizado direto no CAD para posterior plotagem na máquina do PF3D.

Vídeo sobre o formato STL:

http://livro.link/pfi11

C2) Formato 3D: modelos sólidos, dados digitalizados, dados da malha:

- STL (*Stereolithography Tesselation Language*): representa um formato de arquivo que gera finitos triângulos, os quais representam toda a superfície do modelo, para que esta seja reconhecida pelo *software* de fatiamento como uma teia unida por meio de milhares de triângulos e fatiada em camadas de espessura fina. É o formato predominante usado pelos sistemas do PF3D, como pode ser observado na Tabela 5.1.

- IGES (*Initial Graphies Exchange Specification*): é um padrão definido mundialmente que pode reconhecer formas geométricas e realizar interface com sistemas do PF3D, mas que apresenta muitas variações da forma da geometria reconhecida, a qual deve ser precisamente especificada para posterior trabalho na máquina do PF3D.

- STEP (*STandard for the Exchange of Product model data*): os formatos IGES, entre outros, foram adotados pelo STEP como um padrão ISO (International Organization for Standardization) cujo objetivo é cobrir todos os aspectos do ciclo de desenvolvimento do produto nas indústrias. Sendo um modo de verificação e transmissão de dados geométricos de um objeto e também de informações de parâmetros operacionais de construção do objeto, o formato STEP permite a manipulação dos dados e a transmissão do modelo do programa CAD para a máquina do PF3D.

- DXF (*Drawing Exchange Format* da empresa Autodesk): é um formato de dados para aplicação em CAD. É muito utilizado, pois oferece suporte a objetos em 3D, trabalha dados em 2D e 3D e possibilita representação de contornos, curvas e textos.

Vídeo sobre o formato IGES:

http://livro.link/pfi8

Vídeo sobre o formato IGES comparado com o STEP:

http://livro.link/pfi13

Vídeo sobre como criar um arquivo em DXF no Excel:

http://livro.link/pfi14

Geração de arquivos para fatiamento

Tabela 5.1   Formatos de troca de dados para máquinas com *Solid Free Form* (*SFF*)*

	Processo de PR	Formatos	Nome do *software*	Observações
Stereolithography (SL)	3D – *Systems*	**STL**	MAESTRO – EOS	
	Stereos – EOS	**STL**	EOS	Trabalha dados em **SLI**
	Fockele & Schwarze	**HPGL**	LMS (versão 3.0)	Usa um gerador para trabalhar os dados de contorno e dar suporte a modelos de sólidos e com cavidades
		HPGL - 1	–	Gera dados do arquivo **STL** e converte no formato de dados **F&S**
	Solid Ground Curing	**STL**	*Cubital*	
	Microstereolithography – Microtec	–	–	A máquina transmite as informações geométricas de interface neutra direto do CAD
Laser – Sinter (LS)	*Selektive Laser – Sinter – DTM*	**STL**	*Magics* RP – *Software*	Também pode usar um formato neutro
	Laser – Sinter – EOS	**STL**	RP *Tools*	Dados de contorno (**CLI**)
Layer Laminate Manufacturing (LLM)	*Laminated Object Manufacturing (LOM) (Helisys)*	**STL**	LOM *slice*	Nesta máquina PR pode-se trabalhar direto do CAD algumas funções de desenho
	Rapid Prototyping System (Kinergy)	**STL**	–	O *software* não é conhecido
	Selective Adhesive and Hot Press Process	**STL**	RPCAD	
	JP Systems 5 – Schroff Development Corp.	**STL**	*Silver Screen* 3D CAD *Solid Modeler*	
	Layer Milling Process (LMP) – Zimmermann	–	–	Dados direto do CAD
	Stratoconception – Charlyrobot	–	*Stratoconception – PC*	Recebe os dados do arquivo CAD

(*continua*)

Tabela 5.1 Formatos de troca de dados para máquinas com *Solid Free Form* (SFF)* (*continuação*)

	Processo de PR	Formatos	Nome do software	Observações
Layer Laminate Manufacturing (LLM)	*Stratified Object Manufacturing (SOM) – ERATZ*	**IGES** **VDAFS**		– Dados do CAD em formato neutro; – Há possível compatibilidade com o STEP.
Fused Layer Modeling (FLM)	*Fused Deposition Modeling (FDM) – Stratasys*	**STL**	*QuickSlice*	Os dados podem ser lidos no **SLC**
	Multiphase Jet Solidification (MJS) – ITP	**STL**	–	O *software* da máquina gera e processa os arquivos
	3D – Ploter (Stratasys)	**STL**	AUTO – Gen	
	ModelMaker – Sanders Prototype Inc.	**STL, SLC** **HPGL,** **DXF**	*ModelWorks*	Nesta máquina PR podem-se trabalhar direto do CAD algumas funções de desenho
	Multi – Jet Modeling (MJM) – 3D Systems	**STL**	*Solid – Object – Printer*	Pode-se fazer visualizações direto do CAD
Three Dimensional Printing (3DP)	*Rapid Prototyping Systems – Z Corporation*	**STL**	–	O trabalho dos dados geométricos e do conversor **STL** se dá fora da máquina
	Rapid Tooling System – ExtrudeHome	**STL, SLC**	*IMAGEWARE*	
	Direct Shell Production Casting (DSPC)	–		A máquina necessita dos dados do CAD em uma interface neutra
Laser – Generation (LG)	*Laser Engineered Net Shaping (LENS) (Optomec)*	**STL**	*Solid Works Rapid Prototyping (Optical)*	Os dados do CAD são trabalhados em uma Interface neutra.

Legenda: **STL, DXF, IGES, STEP** etc.: **formato 3D**: modelos sólidos, dados digitalizados, dados da malha; **SLC, SLI, HPGL, CLI F&S** etc.: **formato 2D**: dados escaneados, dados da fatia (contornos).

* O SFF é um sistema para a modelagem (desenho) de formas geométricas tridimensionais diretamente no CAD.

REFERÊNCIAS

GEBHARDT, A. *Rapid Prototyping – Werkzeuge für die schnelle Produktentwicklung.* München: Hanser, 2000. 409 p.

MACHT, M. A. *Ein Vorgehensmodell für den Einsatz von Rapid Prototyping.* 1999. Tese (Doutorado) – Institut fur Werkzeugmaschinen und Betriebswissenschaften (IWB), Technischen Universität München, München, 1999.

CAPÍTULO 6

Classificação dos processos de fabricação por meio da impressão 3D via material

Neste capítulo são apresentados os materiais utilizados nos processos de fabricação por impressão 3D. Para tanto foi realizada uma classificação dos vários tipos de processos, dando foco ao estado da matéria usada na fabricação do modelo do protótipo. Por fim, são indicadas referências acerca do tema para aprofundamento dos conhecimentos.

A seguir, far-se-á uma descrição dos materiais empregados no PF3D, em termos de estados físicos, apresentando-se os principais tipos e agentes. Tal análise possibilitará o entendimento da influência do material no PF3D e, consequentemente, do aparato necessário para se realizar a transformação do material durante a construção do protótipo.

Quando, em 1987, foi lançado no mercado o PF3D baseado em *stereolithography*, o *laser* era o agente de transformação para polimerizar[1] um material do estado líquido para o sólido. Hoje é possível a escolha entre cerca de vinte diferentes processos, nos quais o material para a fabricação da peça protótipo pode estar nos três estados da matéria (sólido, líquido e gasoso) (Figura 6.1). Partindo de diferentes princípios físicos, a técnica de fabricação da peça do protótipo foi mudada ao longo dos anos (CAND; WELLBROCK; MUELLER, 2002) e os PF3D podem ser classificados via estado inicial da matéria.

---

[1] Transformar, via reação química, em polímero.

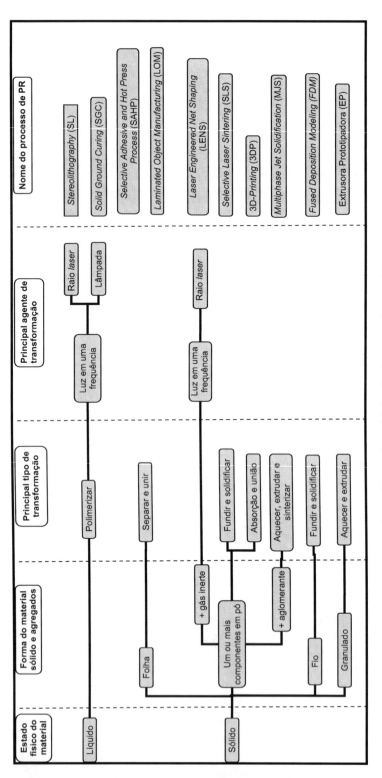

Figura 6.1 Classificação de alguns PF3D via estado da matéria usada na fabricação de peças e/ou protótipo.

Fonte: adaptada de Gebhardt (2000).

Em geral, os PF3D transformam o estado físico do material (sólido → líquido ou líquido → sólido) por fusão via *laser*, resistência elétrica ou polimerização, entre outros tratamentos, para fabricar as peças dos protótipos (KÜNSTNER, 2002; GEBHARDT, 2000; CAND, WELLBROCK, MUELLER, 2002). Na Figura 6.1, observa-se que a característica do material rege o agente de transformação (*laser*, resistência elétrica), de modo que máquinas do PF3D podem trabalhar com resinas termoestáveis, utilizadas nos processos via *laser* (estereolitografia), como pós-metálicos e não metálicos (*laser sinter*), ou termoplásticos (*fused deposition modeling*), entre outros.

Devido à transformação física envolvida, esses processos exigem dispositivos especiais, como o *laser*, para transformar o estado físico do material, e equipamentos embarcados nas máquinas para tratar, por exemplo, gases produzidos durante a fusão do material devido ao efeito do uso do *laser*. Além disso, o *laser*, como elemento de transformação dos materiais, requer um controle preciso do foco (KRAUS, 1997; WOLF, 2003) e também dos parâmetros operacionais (velocidade de deslocamento, profundidade do foco na resina, espessura da camada etc.), assim como da potência, para fundir a resina ou o metal (MUNHOZ, 1997). Tais obstáculos, de maneira geral, encarecem o PF3D.

6.1 MATERIAIS UTILIZADOS NO PF3D

Os PF3D usam materiais não metálicos ou metálicos na fabricação da peça ou do protótipo. Nota-se, na Tabela 6.1, que vários processos utilizam o *laser* ou a resistência elétrica para transformar material plástico, papel, metal, entre outros, para fabricar peças ou protótipos. O material plástico pode ser transformado via *laser*, como no processo denominado *laser sinter*, no qual o pó plástico é fundido. Já a resina líquida é polimerizada, via processo *stereolithography*, e transformada em material sólido.

Tabela 6.1 Tecnologias do PF3D e a forma de transformação da matéria

	Sistema	Sigla	Forma de transformação da matéria
Stereolithography (SL)	*Stereolithography apparatus*	SLA	A resina líquida é curada por meio de uma fonte de *laser*.
	Stereos	–	
	Stereolithography	F & S	
	Solid ground curing	SGC	
	Microstereolithography	–	

(continua)

Tabela 6.1 Tecnologias do PF3D e a forma de transformação da matéria (*continuação*)

	Sistema	Sigla	Forma de transformação da matéria
Laser sinter (LS)	Selective laser sinter	SLS	A resina plástica em pó é sinterizada por meio de uma fonte de *laser*. Areia impregnada com resina e sinterizada por meio de uma fonte de *laser*. Sinterização de pós-metálicos por meio de uma fonte de *laser*.
	Laser sinter	LS	
Layer laminate manufacturing (LLM)	Laminated object manufacturing	LOM	Lâminas de papel especial, superpostas, coladas e recortadas por meio de uma fonte de *laser*. Folhas planas de papel comum superpostas, coladas e recortadas com estilete.
	Rapid prototyping system	–	
	Selective adhesive and hot press process	SAHP	
	JP Systems 5	–	
	Layer milling process	LMP	
	Stratoconception	–	
	Stratified object manufacturing	SOM	
Fused layer modeling (FLM)	Fused deposition modeling	FDM	Deposição de uma camada plástica de resina. Deposição de um termopolímero em camadas, como a impressora jato de tinta.
	Multiphase jet solidification	MJS	
	3D-Plotter	-	
	ModelMaker	-	
	Multi Jet Modelling	MJM	
Three-dimensional printing (3DP)	Rapid prototyping system	–	Utiliza-se aglutinante que é aspergido sobre pó plástico ou cerâmico. Outra possibilidade é usar resina fotossensível como aglutinante sob o material. Essa resina, sob o material, é, em seguida, curada sob luz ultravioleta.
	Rapid tooling system	–	
	Direct shell production casting	DSPC	
Laser – Generation (LG)	Laser engineered net shaping (Optomec) ou *laser cladding*	LENS	Fusão e deposição de pó de aço por meio de uma fonte de *laser*.

Classificação dos processos de fabricação por meio da impressão 3D via material 53

Ao analisar os resultados dos critérios quantitativos dos PF3D para a fabricação de peças ou de protótipo (Tabela 6.2), observa-se que, nos PF3D que usam o raio ultravioleta (família de estereolitografia, *laser sinter* e *layer laminate manufacturing*), há um maior número de parâmetros para controle do *laser*. Isso limita a reprodutibilidade dos parâmetros, pois o controle deles, como o foco, a velocidade de varredura, o comando e o controle do processo, é difícil e influencia o resultado do processo, devido também à natureza do material (FINKE; FEENSTRA, 2002; CHANG, 2004).

Essas variáveis dificultam a otimização do processo de fabricação. São vantajosos, portanto, os processos via *fused layer modeling* (FLM), que não se baseiam no uso do *laser* para a fabricação da peça ou do protótipo. Esse é o caso do FDM, que é um PF3D que, em relação aos processos SLA e SGC via *stereolithography*, SLS via *laser sinter* e *LOM* via *layer laminate manufacturing*, apresenta menor número de restrições técnicas à eficiência de rendimento do *laser* ou do diâmetro do foco durante o processo de fabricação da peça ou do protótipo.

Tabela 6.2 O PF3D quanto à qualificação, baseado em Ebenhoch (2001)

Família	Stereolithography		Laser sinter	Layer laminate manufacturing	Fused layer modeling	
Processos	SLA	SGC	SLS	LOM	FDM	MJM
Presente no mercado	●	○	◕	◖	◕	◐
Custos	◐	◖	◐	◕	◕	●
Rugosidade	●	◕	◕	◖	◐	○
Escalonamento	●	●	◕	◕	◐	◖
Variedade de material	◕	○	●	○	◐	◖
Parâmetro do processo	○	◖	◖	◕	●	◕
Característica mecânica	◖	◖	◖	◐	●	◕
Efeito da contração	◖	◖	●	○	◕	◕
Material da peça/protótipo	○	○	●	◖	●	◐

○ Não apropriado; ◖ pouco apropriado; ◐ apropriado com restrições; ◕ apropriado; ● muito apropriado.

O processo SLS (família *laser sinter*), especificamente, embora apresente alto potencial de uso, é aplicado principalmente na fabricação da peça ou dos protótipos metálicos devido à grande variedade de material.

De forma mais específica, as características avaliadas do PF3D apresentadas na Tabela 6.2 são as seguintes:

- Presença no mercado: considera-se o número de equipamentos vendidos desde o início da comercialização de cada processo.

- Custos: valores gastos com materiais e equipamento.

- Variação dimensional: compararam-se as tolerâncias dimensionais resultantes no contorno da peça, em relação aos eixos X e Y, com as do contorno do projeto do produto.

- Escalonamento: é o deslocamento do bico extrusor do dispositivo extrusor ou foco do *laser* na direção do eixo Z.

- Variedade de material: para cada processo analisado, verificou-se a possibilidade de usar materiais diferentes, como termoplástico e/ou material metálico, entre outros.

- Parâmetros do processo: verificou-se a quantidade de parâmetros operacionais para controle do *laser* ou temperatura de fusão e a influência das características do material.

- Característica mecânica: avaliou-se o alongamento do modelo em 3D via tensão.

- Dimensão: avaliou-se a contração e a deformação do material em função das dimensões em X, Y e Z.

- Material da peça ou do protótipo: avaliou-se a durabilidade em função do tempo.

Pelo exposto, nota-se que, embora grandes avanços técnicos tenham sido obtidos por diferentes processos de transformação do estado físico do material, não foram identificados trabalhos sobre os PF3D à temperatura ambiente de materiais alternativos, que não necessitam de transformação física.

Em outras palavras, o potencial dos materiais com cura e com certas características mecânicas não tem sido devidamente explorado para a fabricação de uma peça ou de um protótipo. Além disso, em função de, em princípio, não serem necessários dispositivos especiais, os custos também devem ser menores se comparados com os custos envolvidos nos processos estudados anteriormente, de modo específico na utilização de materiais de baixo custo, pois os materiais trabalhados nesses processos são, de maneira geral, importados, tornando-se caros e, consequentemente, de difícil obtenção.

De qualquer modo, independentemente do processo considerado, as peças ou os protótipos construídos devem ser avaliados por suas características operacionais: custo de material, potencialidade de aplicação na indústria ou na área educacional, precisão dimensional, tempo de cura, tempo de preparação e consumo de energia.

Além desses aspectos, a máquina do PF3D deve ser de simples construção e ter dimensões reduzidas, possibilitando seu uso em qualquer ambiente e para aplicações específicas.

REFERÊNCIAS

CAND, E. W.; MUELLER, D. H.; MUELLER, H. *Beschreibung ausgewahlter Rapid Prototyping Verfahren. In*: Bremen Institut fur Betriebstechnik und angewandte Arbeitswissenschaft an der Universität Bremer (BIBA), 2002. p. 8.

CHANG, C. C. Rapid prototyping fabrication by UV resin spray nozzles. *Rapid Prototyping Journal*, v. 10, n. 2, p. 136-145, 2004.

EBENHOCH, M. *Eignung von additiv generierten Prototypen zur frühzeitigen Spannungsanalyse im Produktentwicklungsprozeß*. 2001. Tese (Doutorado) – Fakultat Konstruktions und Fertigungstechnik, Universität Stuttgart, Stuttgart, 2001.

FINKE, S.; FEENSTRA, F. K. Solid Freeform Fabrication by extrusion and deposition of semi-solid alloys. *Journal of Materials Science*, v. 37, p. 3101-3106, 2002.

GEBHARDT, A. *Rapid prototyping – Werkzeuge für die schnelle Produktentwicklung*. München: Hanser, 2000. 409 p.

KRAUS, J. *Laserstrahlumformen von Profilen*. 1997. Tese (Doutorado) – Technischen Fakultat der Friedrisch Alexander Universität Nurnberg, Nurnberg, 1997.

KÜNSTNER, M. *Beitrag zur Optimierung des Multiphase Jet Solidification (MJS) – Verfahrens zur Freiformenden Herstellung funktionaler Prototypen*. 2002. Tese (Doutorado) – Universität Bremen, Bremen, 2002.

MUNHOZ, A. L. J. *Cura localizada de resina termosensível utilizando o laser de CO2 como fonte seletiva de calor*. 1997. Dissertação (Mestrado) – Faculdade de Engenharia Mecanica, Departamento de Engenharia de Materiais, Universidade Estadual de Campinas (Unicamp), Campinas, 1997.

WOLF, R. *Rapid Protototyping in der Mikrotechnik mittles Laserablation*. 2003. Tese (Doutorado) – Lehrstuhl fur Feingeratebau und Mikrotechnik, Technischen Universität München, München, 2003.

CAPÍTULO 7

Processo de fabricação por meio da impressão 3D (PF3D)

Neste capítulo, é apresentada uma visão geral dos processos de fabricação de peças por meio da impressão 3D e das tecnologias envolvidas nos equipamentos, como laser, resistência elétrica, *entre outros. Por fim, são indicadas referências acerca do tema para aprofundamento dos conhecimentos.*

7.1 PF3D VIA *STEREOLITHOGRAPHY*

Nesse processo o foco do *laser* incide em uma dada profundidade da superfície do material e, por meio do efeito da fotopolimerização, solidifica a área coberta pelo foco do *laser* e descrita pelo perfil da fatia do modelo em 3D. Ao término da primeira fatia, o depósito de material fluidificado movimenta-se na direção do eixo Z (regra da mão direita) em uma profundidade predeterminada. Esse processo se repete até a conclusão do modelo fatiado. Os fabricantes (Tabela 7.1) geralmente dispõem de diferentes estratégias para a realização deste processo.

Tabela 7.1 Fabricantes e sistemas de PF3D via estereolitografia

Fabricante	Sistema	Sigla
3D-Systems	*Stereolithography apparatus*	SLA
EOS	*Stereos*	–
Fockele & Schwarze	*Stereolithography* (Figura 7.1)	F & S
Cubital	*Solid ground curing* (Figura 7.3)	SGC
MicroTEC	*Microstereolithography*	–

7.1.1 *STEREOLITHOGRAPHY* (3D-SYSTEMS E FOCKELE & SCHWARZE)

Conforme a Figura 7.1, no espaço de trabalho, tem-se uma plataforma (elevador) que possui um movimento vertical controlado. Inicialmente é mergulhada no recipiente (tanque) cheio de resina, de modo que seja coberta por apenas décimos de milímetros de resina líquida. Em seguida, o *laser* descreve sobre a plataforma o perfil da fatia do modelo em 3D a ser solidificada a alguns décimos de milímetros dentro da resina, de modo que essa porção definida pela ação do *laser* ultravioleta seja curada, desenhando assim cada secção da fatia do modelo em fabricação.

Vídeos sobre estereolitografia:

http://livro.link/pfi15

http://livro.link/pfi16

http://livro.link/pfi17

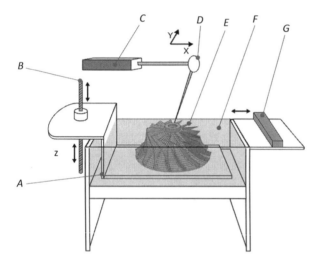

A – Plataforma
B – Fuso de movimento
C – Fonte de *laser* – CO_2
D – Espelho
E – Protótipo concluído
F – Tanque com a resina
G – Nivelador de superfície

Figura 7.1 Esquema do processo SLA e F&S.

Para se ter uma noção do tipo de equipamento, na Figura 7.2 há uma máquina de estereolitografia pertencente ao Instituto Fraunhofer, da Alemanha. Nesse equipamento, montado pela empresa Fockele & Schwarze, uma estação de computador ainda separada fisicamente do envelope fabrica a peça (tampão escuro da foto). A peça logo acima do tampão é o equipamento que faz o tratamento dos gases oriundos da queima do *laser* ao contatar a resina polimérica.

Processo de fabricação por meio da impressão 3D (PF3D)

Figura 7.2 Máquina de estereolitografia no Instituto Fraunhofer para Automação, montado pela Fockele & Schwarze.

Segundo Meiners (1999), Gebhardt (2000), Ebenhoch (2001), Rettenmaier (2002), Birke (2002) e Chartier *et al.* (2002), as características do processo de estereolitografia das máquinas SLA e F&S são as seguintes:

Abreviação: SLA e F&S.

Princípio: o *laser* ultravioleta incide precisamente sobre a superfície do material fluidificado e também com uma dada profundidade, de forma a solidificar este material.

Precisão da peça fabricada: ± 0,05-0,1 mm.

Altura da fatia: 0,1-0,5 mm.

Materiais: epóxi e resina de acrílico, entre outros.

Utilização: peças ou protótipos para avaliação funcional, peças ou protótipos de moldes para ferramentas que podem ser usadas para testar a produção, peças ou protótipos para a área médica; peças ou protótipos para concepção, *marketing*, testes de montagem; peças ou protótipos para processo de fundição a vácuo; peças ou protótipos para fundição em areia; peças ou protótipos para injeção metálica; peças ou protótipos descartáveis para fundição de precisão; fabricação de peças ou protótipos para moldagem por injeção de insertos maciços, em forma de casca, pelo processo denominado *conformal cooling* (canais incorporados) e com aletas (BEAL, 2002); peças ou protótipos para a fabricação de *electro discharge machining* (EDM), peças ou protótipos para teste de tensão óptica; e teste CNC.

Vantagens: alta resolução para peças ou protótipos inteiros mesmo com estruturas verticalmente finas, complexas e muitos elementos com geometrias diferentes; oferece a possibilidade de construção de peças ou protótipos que não podem ser fabricados por meio de processos convencionais simples. É indicado para muitas áreas de desenvolvimento de produtos, pois a peça ou protótipo pode ser fabricado sem necessidade de supervisão humana permanente. A mudança de material é relativamente simples, pois envolve apenas a substituição do recipiente. Devido à alta velocidade de varredura do *laser* e do tempo de interrupção do *laser* ser muito curto, a peça ou protótipo pode ter precisão centesimal.

Desvantagens: a peça ou protótipo fabricado requer pós-processamento. A precisão da peça ou do protótipo fabricado não é equivalente à das peças utilizadas usualmente nas máquinas de usinagem. Requer cuidados especiais de isolamento ao espaço de trabalho devido às propriedades dos materiais (proteção de contato com polímero e dos gases) (TILLE, 2003). Requer a implementação de suportes para fabricar saliências e cavidades da peça ou do protótipo, o que envolve custo adicional para a geração e a remoção dessas estruturas. Até o momento, os materiais ainda não preenchem todas as características desejadas, tais como precisão e resistência mecânica dos materiais usados em processos convencionais. Dificuldade de controle dos parâmetros operacionais do *laser* e seu alto preço por unidade. Alto preço por peça ou por protótipo fabricado e para o retrabalho. Há necessidade de tratamento em estufa ou forno de tensões internas. Podem ocorrer erros de confecção da superfície da peça ou do protótipo devido à lentidão do processo para se fabricar a peça ou protótipo; contração da peça ou do protótipo. A durabilidade da peça ou do protótipo construído tem influência da luz do dia; alto custo para proteção durante o trabalho (proteção de contato com polímero e com os gases).

7.2 *SOLID GROUND CURING* (CUBITAL)

O *solid ground curing* (SGC), também conhecido como processo de solidificação, foi desenvolvido pela empresa Cubital Inc., de Israel. Utilizando o mesmo princípio da estereolitografia, sua diferença básica é o uso de uma máscara por onde os feixes do *laser* passam e solidificam uma camada inteira. Ao término da produção de uma camada, realiza-se a etapa de fresamento para garantir o nivelamento para a deposição da próxima camada. O processo inteiro é descrito a seguir.

Conforme a Figura 7.3, esse processo apresenta dois ciclos, sendo um da geração da máscara e outro da fabricação da fatia. É de aproximadamente 2 minutos o tempo necessário para completar esses dois ciclos.

Para a primeira fatia da peça ou do protótipo ser fabricado, é aplicado inicialmente um revestimento da resina fotopolímera (D), que ficará exposta à lâmpada (C). Uma máscara da secção transversal da peça ou do protótipo requerido é gerada eletrostaticamente, pela transferência do *toner* (J), de modo que um injetor de elétron descreve a forma da fatia sobre a máscara de vidro (B). Para que a fatia da peça ou do protótipo seja fabricada, a placa de vidro (A) move-se para baixo da máscara (B) para a fatia da peça ou do protótipo eletrofotografado não refletir sobre a camada sem estar inteiramente na posição abaixo da lâmpada UV (C).

Processo de fabricação por meio da impressão 3D (PF3D) 61

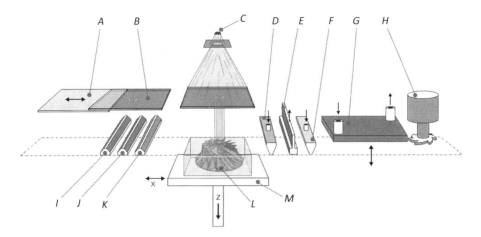

A – Placa da máscara
B – Máscara de vidro eletrofotográfica
C – Lâmpada UV
D – Aplicação da resina fotopolímera
E – Removedor de resíduos do polímero da superfície fresada
F – Aplicação da cera
G – Placa de resfriamento
H – Cabeçote de fresamento
I – Carregamento elétrico
J – Desenvolvimento da máscara via aplicação de toner
K – Limpeza da máscara
L – Protótipo sendo fabricado dentro de uma matriz de cera
M – Plataforma

Figura 7.3 Esquema do processo SGC.

Um obturador é aberto, permitindo a passagem da luz da lâmpada UV e a exposição da máscara para a cura da fatia, ou seja, a fotopolimerização de uma fatia da peça ou do protótipo. O *laser* UV incide sobre toda a fatia que é totalmente curada, não sendo necessária uma segunda operação de cura, como é o caso da *stereolithography*.

A seguir, o *toner* da máscara de vidro é removido, deixando-a limpa para que uma nova fatia seja fotograficamente gerada sobre a máscara, de modo que o ciclo se completa. A peça ou protótipo move-se agora para se aspirarem e descartarem (E) partes da resina que não foram endurecidas.

A seguir, tem-se a aplicação da cera (F) na peça ou no protótipo para o preenchimento dos espaços onde a resina não endurecida foi removida. A cera é, então, endurecida na estação de resfriamento (G), onde uma placa fria é pressionada de encontro à peça ou ao protótipo.

A etapa final é a operação de fresamento (H). A peça ou o protótipo é, então, fresado para retirar o material sobressalente (cera e fotopolímero) até que a superfície desejada esteja completamente formada dentro de uma matriz de cera.

Operações posteriores são ainda requeridas para se remover a cera que ficou derretida. A peça ou o protótipo, nesse caso, é lixado ou finalizado de maneira diferente da estereolitografia. Na matriz de cera é desnecessário gerar uma estrutura extra de sustentação para saliências, como na *stereolithography*.

A Figura 7.4 apresenta uma máquina do processo SGC da empresa Cubital. Embora ela esteja com a carenagem cobrindo a superfície da máquina, pode-se ter uma ideia de que nessa estratégia a peça vai sendo fabricada em etapas, com fluxo em linha horizontal, e isso denota uma máquina com comprimento maior comparativamente ao processo de estereolitografia, além de poder ser maior o número de falhas durante o processo decorrente do maior número de etapas.

Vídeos sobre o SGC:

http://livro.link/pfi18

http://livro.link/pfi19

Figura 7.4 Máquina de SGC (modelo SGC 5600 da Cubital).

Segundo Gebhardt (2000), Ebenhoch (2001), Rettenmaier (2002) e Birke (2002), as características do processo da máquina de SGC são as seguintes:

Abreviação: SGC.

Princípio: o raio ultravioleta incide, a uma dada profundidade, através da máscara na superfície do material líquido e solidifica-o (como uma fotopolimerização).

Precisão da peça ou do protótipo gerado: ± 0,05-0,1 mm.

Altura da fatia: 0,1-0,2 mm.

Materiais: resina de acrílico; resina epóxi.

Utilização: peças ou protótipos para avaliação de desempenho funcional, peças ou protótipos para estudo técnico e funcional, moldes para fundição a vácuo e de precisão.

Vantagens: possibilita a fabricação de peças ou de protótipos com alta complexidade; não há necessidade de estruturas de suporte porque a cera é usada como elemento de apoio.

Desvantagens: pós-processamento é necessário para se remover a cera; a resistência mecânica fornecida pela cera limita o campo de aplicação; a onda dissipada pela lâmpada apresenta riscos; elevado consumo de cera.

Processo de fabricação por meio da impressão 3D (PF3D)   63

7.3 PF3D VIA *LASER SINTER*

Para o processo *laser sinter*, há dois fabricantes de máquinas (Tabela 7.2), os quais utilizam a seguinte estratégia de fabricação da peça ou do protótipo: o *laser*, nesse caso, é a ferramenta de construção das fatias, e o material a ser utilizado é um pó plástico ou metálico com granulação em torno de 10 µm, confinado em um depósito. Esse pó é espalhado por meio de um rolo sobre a superfície que será varrida pelo foco do *laser*. O foco do *laser* também incide sobre o pó, com dada profundidade, fundindo a região abrangida e gerando assim uma nova e pequena região sólida. Com o movimento do *laser* sobre a "cama" de pó, outras pequenas regiões são solidificadas até ser percorrida a região inteira da camada.

Na sequência, a mesa, que contém a fatia construída, movimenta-se na direção Z e o rolo espalha sobre esta uma nova camada de pó, e repete-se o processo até ser fabricada a peça ou o protótipo.

Tabela 7.2 Fabricantes e sistemas de PF3D via *laser sinter*

Fabricante	Sistema	Sigla
DTM	*Selective laser-sinter*	SLS
EOS	*Laser-sinter* (Figura 7.5)	LS

7.3.1 *LASER SINTERING* (EOS)

O calor de um feixe de *laser* de CO_2 faz com que o material em pó seja fundido e forme objetos sólidos. São obtidas peças ou protótipos cujas propriedades mecânicas, como resistência mecânica, correspondem a 95% das mesmas propriedades das peças injetadas.

Conforme a Figura 7.5, o feixe de *laser* segue o contorno de uma fatia do modelo em 3D, aquecendo as partículas de modo a fundi-las.

O feixe de *laser* promove a sinterização da camada a cada varredura. A mesa é móvel e desloca-se na direção Z após a passagem do *laser*, para que uma nova camada de pó, por meio da movimentação do rolo, seja espalhada sobre a mesa.

Vídeos sobre sinterização a *laser*:

http://livro.link/pfi20

http://livro.link/pfi15

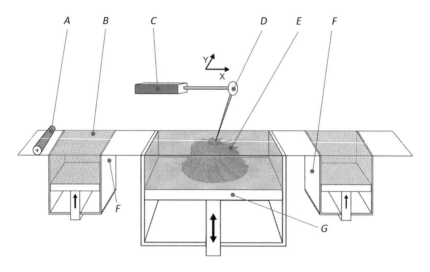

A – Rolo alimentador e nivelador do pó
B – Pó
C – Laser – CO_2
D – Espelho
E – Protótipo concluído
F – Reservatório de pó
G – Plataforma

Figura 7.5 Esquema do processo LS.

Na Figura 7.6 tem-se uma máquina do processo de sinterização da empresa alemã EOS. Essa configuração física lembra o equipamento da Figura 7.2, ou seja, uma máquina de estereolitografia. Também tem uma estação de computador ainda separada fisicamente do envelope que fabrica a peça (tampão escuro da foto). Também há, na parte traseira da máquina, um equipamento para realizar o tratamento dos gases oriundos da queima do *laser* ao contatar o pó polimérico ou metálico.

Figura 7.6 Máquina de sinterização da EOS no Instituto Fraunhofer para Automação.

Segundo Meiners (1999), Gebhardt (2000), Steinberger (2001), Ebenhoch (2001), Rettenmaier (2002), Krause (2002) e Birke (2002), as características do processo de *laser* sintering da máquina LS são as seguintes:

Abreviação: LS.

Princípio: o *laser* de CO_2 funde e solidifica o material que forma a superfície da peça ou do protótipo a dada profundidade.

Precisão da peça ou do protótipo gerado: ± 0,1-0,2 mm.

Altura da fatia: 0,1-0,2 mm.

Materiais: pó de metal e de plástico, cera de modelagem, termoplásticos, como *nylon*, poliestireno (PS), policarbonato (PC), poliamida (PA), PVC, areia de *croning*[1] para fundição, areia para construção, areia para fundição, entre outros.

Utilização: peças ou protótipos de plástico ou metal, peças ou protótipos de formas diversas, peças ou protótipos para representação visual (mostruário) e funcional de peças, molde para uso em cera, moldes e matrizes para fundição (WIRTZ, 2000), de precisão e areia. Este processo também produz peças ou protótipos em diversos materiais utilizados na análise para verificação de ajuste; peças ou protótipos de fabricação; moldes de fundição; peças ou protótipos descartáveis para processo de fundição a vácuo, com a vantagem de apresentar porosidade e superfícies ideais para escoamento de gases; eletrodos de carbono ou grafite para erosão EDM (*electrodischarge machining*); molde de forjamento; peças ou protótipos de cerâmicas em escala artesanal.

Vantagens: as peças ou os protótipos não precisam de pós-cura, exceto quando construídos em cerâmica; não há necessidade de criar estruturas para suporte com outro material independentemente da geometria; abundante possibilidade de escolha de matéria-prima; capacidade de fabricar peças ou protótipos com geometria complexa (com cortes laterais, entre outros); a peça ou o protótipo pode ser retrabalhado; peças ou protótipos com alta dureza; sem necessidade de processo de endurecimento posterior (embora haja infiltrações para alguns casos de utilização); reutilização do material restante.

Desvantagens: o processo de produção de peças ou de protótipos é demorado e pode chegar a dias, por isso, durante a solidificação, pode acontecer de o pó adicional endurecer na borda da camada, o que prejudica no acabamento superficial da peça ou do protótipo; gases tóxicos são emitidos durante o processo de fusão e devem ser manipulados com cuidado; a rugosidade da superfície das peças ou do protótipo deriva das propriedades mecânicas dos materiais (COREMANS, 1999); o processo de solidificação do pó pela intensa radiação reduz a precisão pela formação de pele (superfície áspera); a superfície de construção depende da granulação do pó; a superfície

---

[1] O processo de fundição por *shell molding* ou moldagem em *shell* foi inventado em 1941 por Johannes Croning e usa areia de *croning* e resina.

de aderência é desigual devido ao pó ou influência do *laser*; a limpeza é difícil nos locais vazados por partículas aderidas, como na *stereolithography* ou tecnologia *Modelmaker*; a temperatura na câmera do processo é alta; o tempo de aquecimento e resfriamento envolvido no processo consome muita potência; geração de gás inerte na atmosfera da câmara do processo com nitrogênio leva a custos adicionais; gás venenoso é gerado no processo de fusão (principalmente com matéria-prima de PVC).

7.4 PF3D VIA *LAYER LAMINATE MANUFACTURING* (LLM)

Nesse caso, o *laser* incide sobre a superfície de uma folha de papel impregnada com material colante e recortada de acordo com o perfil da fatia da peça ou do protótipo, atravessando-a com profundidade predeterminada. As regiões fora do contorno do papel são recortadas pelo *laser* para posterior remoção. Para a geração da segunda camada, a mesa desloca-se na direção Z e um sistema de alimentação por rolo posiciona o papel na região onde será gerada a fatia seguinte. O processo se repete até a construção da última camada.

Na Tabela 7.3, relacionam-se alguns dos fabricantes de sistema LLM.

Vídeos sobre manufatura via *selective laser*:

http://livro.link/pfi22

http://livro.link/pfi23

Tabela 7.3 Fabricantes e sistemas de PF3D via *layer laminate manufacturing*

Fabricante	Sistema	Sigla
Helisys	Laminated object manufacturing (Figura 7.7)	LOM
Kinergy	Rapid prototyping system	–
Kyra	Selective adhesive and hot press process	SAHP
Schorff Development Corp	JP Systems 5	–
Zimmermann	Layer milling process	LMP
Charlyrobot	Stratoconception	–
ERATZ	Stratified object manufacturing	SOM

7.4.1 *LAMINATED OBJECT MANUFACTURING* (HELISYS)

Neste caso, o *laser* possui um sistema de deslocamento bidimensional e recorta a secção do papel que está impregnado com material colante (Figura 7.7). A altura de cada fatia do modelo em 3D é igual à espessura do material usado no processo. A segunda camada de papel é colada na primeira e a seção transversal seguinte é cortada. A peça ou o protótipo sai da máquina em um bloco retangular (Figura 7.8). O material sobressalente tem a forma de cubos, devido ao corte transversal do *laser*, o que facilita sua remoção.

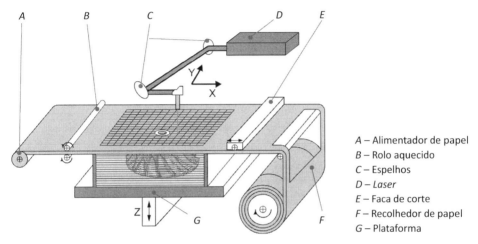

A – Alimentador de papel
B – Rolo aquecido
C – Espelhos
D – *Laser*
E – Faca de corte
F – Recolhedor de papel
G – Plataforma

Figura 7.7 Esquema do processo LOM.

As peças ou os protótipos obtidos por esse processo apresentam textura semelhante à da madeira. Frequentemente um revestimento adicional é aplicado para proteger as peças ou os protótipos da umidade.

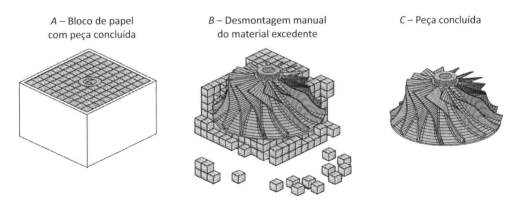

Figura 7.8 Desmontagem dos blocos de material excedente.

Na Figura 7.9 tem-se uma foto da máquina do processo LOM da empresa Helisys. Nela também há um sistema para tratamento de gases oriundos da queima do papel ao ser atingido pelo *laser*.

Vídeos sobre o processo LOM:

http://livro.link/pfi24

http://livro.link/pfi25

Figura 7.9 Máquina de LOM (modelo HELISYS 2030 da Helisys).

7.4.2 *PAPER LAYER TECHNOLOGY* OU *SELECTIVE ADHESIVE AND HOT PRESS PROCESS* (KYRA)

Na primeira etapa do processo de fabricação as informações da forma geométrica da fatia do modelo em 3D são transmitidas para um copiador *laser* que impregna de resina sintética, advinda de um *toner*, a superfície de um rolo (Figura 7.10) com a forma dessa camada. A folha de papel será transportada e colocada com o lado impresso para baixo, em cima da plataforma (na primeira folha) ou em cima das fatias já fabricadas da peça ou do protótipo. Na segunda etapa, a pilha de papel é comprimida contra uma chapa quente (175-185 °C) que ativa a resina no papel. Em seguida, na terceira etapa, é recortado o contorno, com uma faca, através de um *plotter* de corte, semelhante a um *plotter* para injetar tinta, só que este usa uma faca. Na quarta e na quinta etapa é organizada a distribuição dos cortes, em forma de cubos, externos ao contorno da fatia, o que facilitará a remoção da peça ou do protótipo.

Vídeos sobre o processo Kyra:

http://livro.link/pfi26

Processo de fabricação por meio da impressão 3D (PF3D) **69**

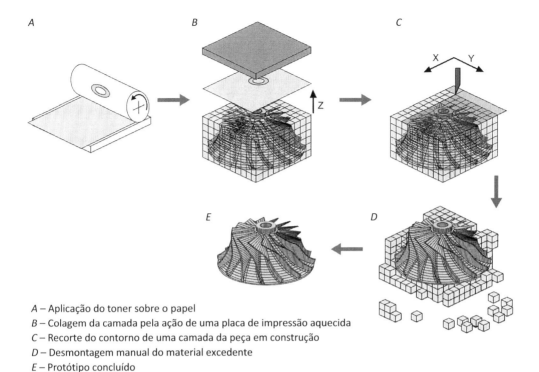

A – Aplicação do toner sobre o papel
B – Colagem da camada pela ação de uma placa de impressão aquecida
C – Recorte do contorno de uma camada da peça em construção
D – Desmontagem manual do material excedente
E – Protótipo concluído

Figura 7.10 Esquema do processo PLT (Kyra).

O equipamento do sistema PLT da empresa Kyra (Figura 7.11) é compacto se comparado ao LOM (Figura 7.9), pois o sistema de alimentação e de recolhimento do papel está alojado na parte inferior de máquina. Como dito anteriormente, usa-se resina, e isso eleva a possibilidade de falha no sistema de impressão.

Figura 7.11 Máquina de PLT (modelo PLT-A4 da Kyra).

Segundo Gebhardt (2000), Ebenhoch (2001), Rettenmaier (2002) e Birke (2002), as características do processo *layer laminate manufacturing*, da máquina LOM, são as seguintes:

Abreviação: LOM.

Princípio: o *laser* recorta as folhas de papel que estão impregnadas com material colante, e o recorte é efetuado de acordo com as fatias do modelo em 3D.

Precisão da peça ou do protótipo gerado: ± 0,1 mm.

Altura da fatia: 0,076-0,203 mm.

Material: folhas de papel revestidas com cola.

Utilização: peças ou protótipos com grande volume; moldes para fundição em areia; moldes para fundição de precisão em areia; moldes para injetar silicone; moldes de injeção para fabricação de ferramentas; peça ou protótipo tipo mostruário para avaliação; peças ou protótipo para montagem e para averiguação funcional; peça ou protótipo de ferramentas; peças ou protótipos para fundição; peças ou protótipos em geral: molde para laminados, molde para vácuo, molde para fundição de poliestireno (PS) expandido.

Vantagens: possui o maior envelope de trabalho disponível hoje no mercado; baixo custo do material; técnica mais rápida entre os processos de PF3D; o produto não sofre tensões internas e deformações indesejáveis durante o processo de construção; podem-se construir protótipos complexos com custo baixo; o processo de limpeza não envolve produtos químicos; o processo não envolve ressolidificação; o processo é estável; fabricação simultânea de várias peças ou protótipos em blocos; construção rápida das fatias por meio da colagem das fatias no depósito; processo rápido em comparação com outros processos PF3D (o *laser* deve percorrer somente o contorno); a rápida alimentação da matéria-prima e a cola da superfície de uma fatia inteira em construção elevam a velocidade em comparação com outros processos; escolha apropriada quanto às seguintes exigências: margem de preço, compatibilidade com o meio ambiente, características químicas e mecânicas, cor e superfície.

Desvantagens: limitada estabilidade das peças ou dos protótipos devido à deficiência da cola (impregnada no papel) entre as fatias da peça ou protótipo com paredes finas na direção Z; peças ou protótipos com cavidades devem ser fabricados em duas partes; as peças ou protótipos não se dilatam tanto quanto um molde obtido pelo processo SL, mas são sensíveis à umidade e se dilatarão quando expostos ao vapor; as peças ou o protótipo fabricado por esse processo deve ser aquecido antes da fundição de peças em casca (*cast shell*); as peças ou os protótipos apresentam boa superfície de acabamento nas superfícies paralelas ao plano de construção, mas as linhas perpendiculares a essa superfície resultam no efeito "escada", que afetará as peças fundidas em casca; pouco apropriado em paredes finas na direção Z; formação indesejável de contração de peça ou do protótipo quando este for manipulado; a utilização depende da complexidade de construção da peça; processos subsequentes devem preservar a peça de infiltração de umidade e de dilatação (para evitar tal problema, deve-se usar revestimento); aumento ou contração da superfície da peça ou do protótipo na manipulação no ambiente de operação (nas peças ou nos protótipos não isolados em ambientes apropriados); sem emprego do material restante, diferentemente do que ocorre no *laser sinter*.

7.5 PF3D VIA *FUSED LAYER MODELING* (FLM)

Nesse caso, o material é confinado em um dispositivo que, ao ser aquecido, fluidifica o material, que é expulso de uma câmara por um bico injetor sobre a superfície de uma mesa móvel (direção Z). O material depositado construirá o perfil da fatia da peça ou do protótipo. Na sequência, a mesa move-se na direção Z e o processo se repete até a conclusão da peça. A Tabela 7.4 apresenta alguns dos fabricantes de sistema FLM.

Tabela 7.4 Fabricantes e sistemas de PF3D *fused layer modeling*

Fabricante	Sistema	Sigla
Stratasys	*Fused deposition modeling* (Figura 7.12)	FDM
ITP	*Multiphase jet solidification*	MJS
Stratasys	*3D-Plotter*	-
Sanders Prototype Inc.	*ModelMaker*	-
3D Systems	*Multi-jet Modeling* (Figura 7.14)	MJM
Mühlacker	Extrusora Prototipadora (Figura 7.20)	EP

7.5.1 *FUSED DEPOSITION MODELING* (STRATASYS)

Nesse caso, os modelos são construídos por deposição de camadas, uma sobre a outra, por meio da extrusão de material termoplástico fluidificado por aquecimento, para a construção das camadas da fatia da peça ou do protótipo. O plástico ABS, devido às suas características, é um dos materiais preferidos para as peças ou os protótipos funcionais, pois oferece alta resistência à tração, tenacidade e durabilidade. Esse processo pode utilizar também *nylon* (peças ou protótipos para verificação de medidas e controle de projeto), elastômeros ou cera. Podem ser construídas peças sólidas, alveoladas ou vazadas. Por isso, também é comumente utilizado para a confecção de gabaritos para a fundição.

Para a máquina a seguir (Figura 7.12), o material termoplástico usado (ABS, por exemplo) apresenta-se inicialmente em forma de fio e é injetado por meio de um bico injetor com diâmetro de 0,178 mm. Esse material é depositado por um cabeçote

Vídeos sobre o processo FDM:

http://livro.link/pfi20

http://livro.link/pfi28

http://livro.link/pfi29

extrusor a uma temperatura controlada para aquecê-lo, até chegar ao estado pastoso. O cabeçote extruda e deposita o material em camadas sobre uma base de baixa aderência, ou seja, o material para suporte. O material é posicionado precisamente sobre as camadas já extrudadas e então é solidificado.

http://livro.link/pfi30

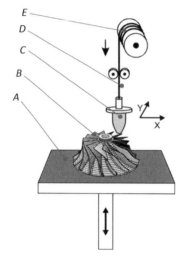

A – Plataforma
B – Protótipo concluído
C – Câmara quente
D – Material em forma de fio
E – Bobina de filamento

Figura 7.12   Esquema do processo FDM (Stratasys).

A Figura 7.13 é de um modelo de máquina do processo FDM, e observa-se que existem dois reservatórios de material: um destinado à fabricação da peça propriamente dita e outro à fabricação de suporte de partes ou regiões da peça que estejam em balanço ou que sejam muito delgadas. A máquina tem uma câmara destinada a reservar a peça durante a fabricação; com isso, mantém-se a peça em temperatura acima da ambiente, e isso favorece a aderência entre camadas, ou seja, a que foi depositada e a que será depositada logo acima desta última.

Figura 7.13   Máquina FDM da Stratasys.

Segundo Gebhardt (2000), Ebenhoch (2001) e Birke (2002), as características do processo *fused layer modeling*, da máquina FDM, são as seguintes:

Abreviação: FDM.

Princípio: o termoplástico é depositado com um bico de extrusão.

Precisão da peça ou do protótipo fabricado: ± 0,127 mm.

Altura da camada: 0,125-1,27 mm.

Material: acrilonitrila-butadieno-stirol (ABS), entre outros.

Utilização: peças ou protótipos para concepção; moldes funcionais para posteriores processos de manufatura, como fundição de precisão de cera perdida (*investment casting*), molde (*injection molding*) para fundição a vácuo (*vacuum casting*), molde (*metal injection molding*) para fundição de precisão (*fine casting*); peças ou protótipos para ajuste ou controle funcional para sequência de processo.

Vantagens: ajuste fácil dos parâmetros de operação; fabricação de peças ou protótipos de forma rápida e sem resíduos; ausência de agente químico tóxico ou polímero em banho líquido; o sistema não requer que o material seja manipulado durante ou após a produção de peça ou do protótipo; não requer limpeza, exceto pela retirada do suporte por meio de solvente; o material pode ser trocado rapidamente; ausência do uso do *laser*; aparelho com dimensões reduzidas, apropriado para uso em escritórios (*desktop*); processo estável e seguro (sem geração de gases nocivos); sem sobra de material; rápida e fácil instalação devido à técnica utilizada; processamento compacto da matéria-prima a ser extrudada.

Desvantagens: peças ou protótipos de complexibilidade limitada; precisão restrita devido à forma do material (principalmente de fio com diâmetro de 1,27 mm); estruturas de suportes são necessárias; requer operações de acabamento para remoção do suporte; limitada aplicação devido às características dos materiais; é bem pequeno o envelope de construção, em comparação com outros processos; a construção de proteção, devido à fusão do material, é necessária, em muitos casos.

7.5.2 *MULTIPHASE JET SOLIDIFICATION*

Este processo foi desenvolvido pelo Fraunhofer Institut for Manufacturing Engineering and Automation (Fimea) em conjunto com o Fraunhofer Institut for Applied Materials Research (FIAMR) e é comercializado desde 1999.

Na Figura 7.14, é apresentado seu princípio básico, que é injetar o material fundido por um bico, similar ao FDM. A diferença é que esta técnica foi projetada, originalmente, para processar peças metálicas e cerâmicas de alta densidade (WESTKÄMPER; BIESINGER; KOCH, 2002). O material usado é constituído de pó, aglutinante e mistura, sendo que somente o aglutinante é fundido durante o processo. O material é aquecido acima do ponto de fusão do aglutinante. Um pistão desloca a mistura de baixa viscosidade para ser injetada por um bico injetor. O fluxo do material que sai do bico é controlado pelo comprimento útil do pistão, na direção X, Y e Z. A máquina dispõe de uma unidade de posicionamento com três eixos sobre uma mesa X, Y e Z, com precisão de ± 0,01 mm. A câmara de aquecimento e a temperatura de extrusão variam de 0 °C até 200 °C, de modo a ser possível o trabalho somente de material abaixo dessa temperatura. A estabilização da temperatura da câmara é da ordem de ± 1 °C. A câmara também pode receber mais material por meio de um sistema de reservatório especial para admitir matéria-prima preparada. A área de construção é projetada para evitar a perda de calor e proporcionar pequeno nível de ruído. Ela permite também controlar a temperatura da atmosfera do envelope de acordo com a temperatura de trabalho do material.

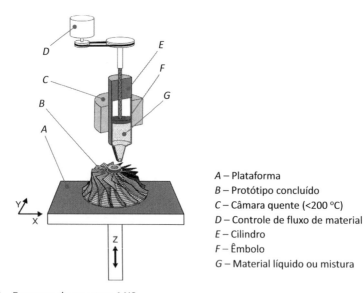

A – Plataforma
B – Protótipo concluído
C – Câmara quente (<200 °C)
D – Controle de fluxo de material
E – Cilindro
F – Êmbolo
G – Material líquido ou mistura

Figura 7.14 Esquema do processo MJS.

No histórico de desenvolvimento dessa máquina, foram realizados experimentos com vários materiais, como ABNT 316L (aço inoxidável), partículas de *carbide* de silicone, titânio, aços de alta velocidade (M4T2), *stellite* (Co-Cr-Co-Cr-Mo), alumínio e materiais magnéticos (FeNi), todos testados com sucesso.

Na Figura 7.15 tem-se um protótipo de uma máquina de MJS no Instituto Fraunhofer, na Alemanha. Embora o sistema de injeção esteja envolto pela carenagem, pode-se ter ideia da estrutura física desse tipo de máquina.

Figura 7.15 Máquina de MJS no Instituto Fraunhofer, Dresden, Alemanha.

7.5.3 SANDERS OU *INKJET MODELING*

Este sistema de fabricação baseia-se em um injetor *plotter*, o qual transforma o material de sólido para líquido (Figura 7.16). O injetor tem dois cabeçotes, sendo um para depositar o termoplástico (material de fabricação da peça) (C) e outro para depositar cera para a confecção do suporte, de saliências e de cavidades (I) durante o ciclo de construção, de modo a proporcionar diferenciação entre ambos. Os cabeçotes injetores para depositar material de construção e de suporte constroem substrato, assim como espaços uniformes (chamados de *micro-droplets*). Esses *droplets* podem ser localizados em algum local desejado acima do substrato de construção dentro de 0,007 mm na direção dos eixos X e Y. Após a deposição, uma usinagem com fresa é feita na direção Z com precisão de 0,013 mm. A velocidade do *plotter* nessa direção não é constante, de modo a haver variação de acabamento da superfície fresada e, consequentemente, no acabamento superficial da camada, o que influencia na deposição de outra camada. O acabamento final do molde se dá com imersão em solvente para diluir a cera do suporte e lavar o molde para posterior uso na fundição em casca, sem necessidade de etapas de operações posteriores.

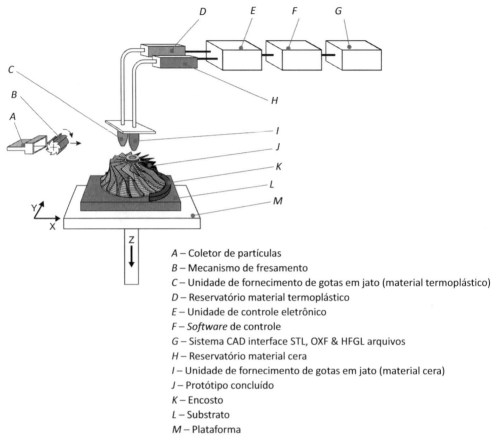

A – Coletor de partículas
B – Mecanismo de fresamento
C – Unidade de fornecimento de gotas em jato (material termoplástico)
D – Reservatório material termoplástico
E – Unidade de controle eletrônico
F – *Software* de controle
G – Sistema CAD interface STL, OXF & HFGL arquivos
H – Reservatório material cera
I – Unidade de fornecimento de gotas em jato (material cera)
J – Protótipo concluído
K – Encosto
L – Substrato
M – Plataforma

Figura 7.16 Esquema do processo Sanders.

Por meio da Figura 7.17, pode-se ter uma visão geral de um modelo físico de uma máquina do sistema ModelMaker II SYSTEM. Embora não estejam anotadas dimensões volumétricas na figura, ela segue a dimensão volumétrica da Máquina FDM, da empresa Stratasys, apresentada na Figura 7.13.

Vídeo sobre o processo Sanders:

http://livro.link/pfi1

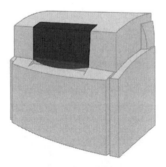

Figura 7.17 ModelMaker II SYSTEM da Sanders Prototype Inc.

7.5.4 *MULTI-JET MODELING* (3D SYSTEMS)

A peça ou protótipo é fabricado sobre uma plataforma (Figura 7.19). O material fundido é depositado pelo injetor, que tem 96 pontos de saída para extrusão. A plataforma movimenta-se em X e Y (deslocamento horizontal), de acordo com a geometria da camada. Para se gerar a camada seguinte, a plataforma desloca-se na direção Z (deslocamento vertical), para depositar as demais camadas até o fim do processo.

Vídeos sobre o MJM:

http://livro.link/pfi32

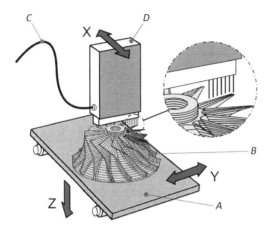

A – Plataforma
B – Protótipo concluído
C – Alimentador de material
D – Cabeçote injetor

Figura 7.18 Esquema do processo MJM.

Na Figura 7.17 tem-se um modelo físico de uma máquina do sistema máquina MJM – modelo ThermoJet Printer da 3D systems. Nota-se que a máquina é longilínea, pois o cabeçote móvel percorre distâncias relativamente altas na direção do eixo X, mas pode-se considerar que a dimensão volumétrica é compacta.

Figura 7.19 Máquina MJM (modelo ThermoJet Printer da 3D Systems).

Segundo Künstner (2002), Gebhardt (2000) e Birke (2002), as características do processo *fused layer modeling* da máquina MJM são as seguintes:

Abreviação: MJM.

Princípio: a deposição da cera termoplástica é feita por intermédio de um cabeçote de pressão, que contém 96 pontos de saída para extrusão.

Material: cera semelhante ao termoplástico.

Utilização: fabricação de peças ou protótipos, peças ou protótipos visuais (mostruário), peças ou protótipos para fundição de precisão de cera perdida (*investiment casting*).

Precisão da peça ou do protótipo após fabricação: 0,04 mm para fotopolímero.

Altura da camada: não conhecida.

Vantagens: peças ou protótipos com boa superfície final; peças ou protótipos com pouca variação dimensional; processo econômico ao fabricar peças ou protótipos em formas geométricas complexas; equipamento relativamente pequeno que possibilita uso nos departamentos de desenvolvimento de produtos; utilização de material atóxico e com odor mínimo; processo silencioso; fabricação rápida de peças ou protótipos, se comparada à maioria dos outros PF3D; produção de peças ou de protótipos com bom acabamento superficial.

Desvantagens: menor precisão do que a *stereolithography*; material quebradiço; peças ou protótipos com dimensões limitadas; a peça ou o protótipo precisa ser mergulhado em cera derretida ou epóxi para se alcançar dureza; peças ou protótipos grandes são construídos separadamente e montados posteriormente.

7.6 EXTRUSORA PROTOTIPADORA (MÜHLACKER)

Na máquina EP (Figura 7.20) os modelos são construídos por deposição de camadas, assim como na FDM. O termoplástico é extrudado pelo parafuso de movimento e depositado, camada por camada, através de um bico extrusor com 0,5 mm de diâmetro sobre uma mesa.

Na Figura 7.21 é apresentado um protótipo dessa máquina, cujo modelo é o 16D75417 Mühlacker da Extrudex Kunststoffmaschinen. Por meio desse modelo de máquina são vistas as zonas de aquecimento do parafuso extrusor, assim como da ferramenta do torpedo.

Processo de fabricação por meio da impressão 3D (PF3D) 79

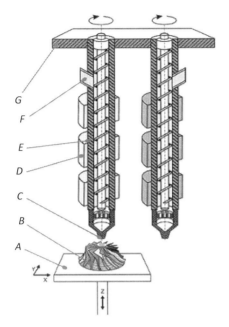

A – Plataforma
B – Protótipo concluído
C – Bico injetor
D – Resistência elétrica
E – Cilindro
F – Entrada de material
G – Suporte dos parafusos

Figura 7.20 Esquema do processo EP.

Figura 7.21 Máquina EP (modelo 16D75417 Mühlacker da Extrudex Kunststoffmaschinen).

As características do processo *fused layer modeling* da máquina EP são as seguintes:

Abreviação: EP (nossa denominação).

Princípio: o material termoplástico é extrudado pelo parafuso de movimento e depositado, camada por camada, através de um bico injetor.

Precisão das peças ou do protótipo fabricado: ± 0,15 mm.

Altura da camada: 0,2-0,5 mm.

Materiais: basicamente materiais termoplásticos, como: ABS, PP, PA, PVC, PC, entre outros.

Utilização: peças ou protótipos fabricados com até dois materiais, peças ou protótipos usados como ferramentas rápidas; peças ou protótipos para área médica; moldes e peças ou protótipos funcionais.

Vantagens: fabricação de peças ou de protótipos rápida e sem resíduos; não requer manipulação da peça ou do protótipo durante ou após o processo de produção; não requer limpeza, exceto pela retirada do suporte quando gerado; ausência do uso do *laser*.

Desvantagens: dificuldade de ajuste do avanço da mesa e da rotação do parafuso durante a extrusão; a máquina é de 2½ eixos, de modo que os eixos x e y param ao se descer a mesa e nesse processo o material continua a ser depositado, o que ocasiona um depósito de material excedente, gerando assim emenda (Figura 7.22); ocorre mudança das características físicas do material ainda no parafuso devido ao contato com outro material; a pressão não é constante durante a fluidez do material; há ainda a necessidade de otimização da trajetória do bico injetor durante a deposição do material devido à dificuldade para controlar o acionamento e a interrupção do depósito de material. Isso ocorrer também na FDM, embora a interrupção e o acionamento do depósito do material sejam rápidos, pois a forma de avanço do material usa estratégias diferentes (FDM – rolo; EP – parafuso). Na EP o volume de material a ser aquecido dentro da câmara quente e extrudado é maior que no FDM; peças ou protótipos de complexidade limitada; construções de suportes são necessárias, assim como operações posteriores para remoção do suporte.

Figura 7.22 Detalhe da emenda da peça.

7.7 THREE DIMENSIONAL PRINTING (3DP)

O processo de construção das camadas da peça ou do protótipo ocorre por meio da injeção de material liquefeito sobre material em pó, que é absorvido e se solidifica. Em seguida, a mesa desloca-se na direção Z e o processo se repete até a conclusão da fabricação da peça ou do protótipo. A Tabela 7.5 apresenta alguns fabricantes desse processo.

Vídeos sobre o 3DP:

http://livro.link/pfi20

Tabela 7.5 Fabricantes e sistemas de PR via *three dimensional printing*

Fabricante	Sistema	Sigla
Z-Corporation	*Rapid prototyping system* (Figura 7.23)	–
ExtrudeHone	*Rapid tooling system*	–
Soligen	*Direct shell production casting*	DSPC
4D Concepts	–	–
Therics	–	–

7.7.1 PROCESSO DE IMPRESSÃO EM 3DP

O processo *3D printing* foi desenvolvido pelo Massachusetts Institute of Technology (MIT), dos Estados Unidos, e a patente do processo foi segmentada em diferentes atividades industriais.

A máquina espalha sobre a superfície da plataforma uma camada de pó contido na caixa da alimentação, por meio de um pistão, que se movimenta na direção Z (Figura 7.23). O sistema então injeta, por meio de um cabeçote tipo jato de tinta (cabeçote de aquecimento), um aglutinante que é expelido em gotículas. O jato aglutinante é absorvido pela camada depositada, dando forma à primeira camada. O pó não aglutinado suporta as camadas que serão impressas acima das outras. Para a formação da segunda camada e das subsequentes, o pistão movimenta-se na direção Z e uma nova camada de pó é espalhada sobre sua superfície. O processo é repetido até a completa deposição de todas as camadas e, finalmente, o pistão é içado e o pó não absorvido é retirado.

http://livro.link/pfi34

http://livro.link/pfi35

http://livro.link/pfi36

http://livro.link/pfi37

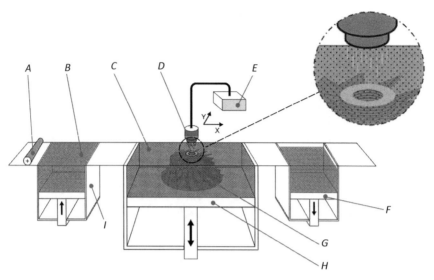

A – Rolo alimentador e nivelador
B – Pó
C – Superfície do pó
D – Cabeçote de aquecimento e jateamento
E – Fornecimento de aglutinante
F – Reservatório de recolhimento de pó
G – Protótipo concluído
H – Plataforma
I – Reservatório de fornecimento de pó

Figura 7.23   Esquema do processo 3DP.

Por meio da Figura 7.24, de uma máquina 3DP (modelo Spectrum Z510L da Z-Corporation), vemos que as dimensões volumétricas dessa máquina seguem tanto as da máquina FDM da empresa Stratasys (apresentada na Figura 7.13) quanto as da máquina do sistema ModelMaker II System.

Figura 7.24   Máquina 3DP (modelo Spectrum Z510L da Z-Corporation).

7.8 PF3D VIA *LASER-GENERATION* (LG)

O processo incorpora características da *stereolithography* e da sinterização. O princípio é baseado na adição por meio da fusão de partículas de pó metálico, que são aspergidas com um gás inerte sobre o foco de um potente feixe de *laser*. A formação das camadas se dá pela solidificação provocada pelo aquecimento da peça ou do protótipo durante a fabricação. Nesse processo não se utiliza uma "cama" de pó como na sinterização. A Optomec é a única fabricante de sistema *laser engineered net shaping* (LENS) (Figura 7.26) via *laser-generation*. Na seção a seguir, veremos a descrição do processo LENS.

Figura 7.26 Máquina LENS (modelo LENS 850 System da Optomec).

7.8.1 *LASER ENGINEERED NET SHAPING* (OPTOMEC) OU *LASER CLADDING*

Na Figura 7.25, observa-se que o foco do *laser* percorre a superfície da camada a ser gerada, e, ao mesmo tempo, as partículas do pó metálico (menor que 150 µm) são fundidas neste trajeto, juntamente com o gás, resultando na união das partículas. Estas, depositadas sobre um substrato, geram o perfil da primeira camada, o que torna as peças ou os protótipos mais resistentes do que os produzidos pelos meios tradicionais de extrusão ou usinagem. Como o processo se dá em um ambiente controlado, com pouca presença de oxigênio, não há oxidação das finíssimas camadas de metal depositadas. A camada seguinte é formada com deslocamento na direção Z e assim sucessivamente, camada por camada.

Vídeos com exemplo da aplicação do processo de impressão 3D via processo LENS:

http://livro.link/pfi38

http://livro.link/pfi39

http://livro.link/pfi40

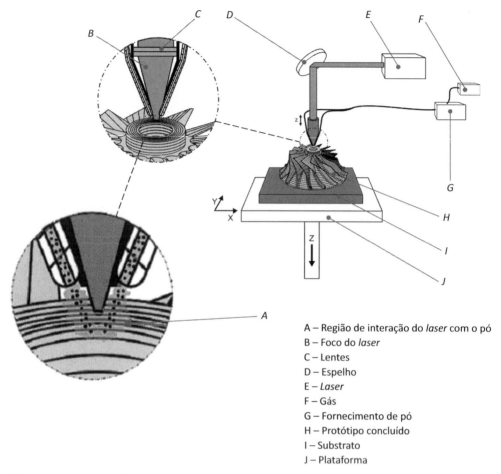

Figura 7.25 Esquema do processo LENS.

A – Região de interação do *laser* com o pó
B – Foco do *laser*
C – Lentes
D – Espelho
E – *Laser*
F – Gás
G – Fornecimento de pó
H – Protótipo concluído
I – Substrato
J – Plataforma

Geralmente em peças ou protótipos fabricados pelo processo LENS são realizadas operações posteriores de acabamento, como fresamento e torneamento. Há limitações geométricas para superfícies complexas, além de ser necessário o uso de uma base para iniciar-se a fabricação de peças ou protótipos.

REFERÊNCIAS

BEAL, V. E. *Avaliação do uso de insertos obtidos por estereolitografia na moldagem de pós metálicos por injeção*. 2002. Dissertação (Mestrado em Engenharia Mecânica) – Departamento de Engenharia Mecânica da Universidade Federal de Santa Catarina, Florianópolis, 2002.

BIRKE, C. *Der Einsatz von Rapid-Prototyping-Verfahren im Konstruktionsprozeß*. 2002. Tese (Doutorado) – Institut fur Maschinenkonstruktion, Universität Magdeburg, Magdeburg.

CHARTIER, T. *et al.* Stereolithography of structural complex ceramics parts. *Journal of Materials Science*, v. 37, p. 3141-3147, 2002.

COREMANS, A. L. P. *Laserstrahlsintern von Metallpulver – Prozeßmodellierung, Systemtechnik, Eigenschaften laserstrahlgesinterter Metallkörper.* 1999. Tese (Doutorado) – Bericht aus dem Lehrstuhl fur Fertigungstechnologie von der Technischen Fakultat der Friedrich-Alexander, Universität Erlangen-Nurnberg, 1999.

EBENHOCH, M. *Eignung von additiv generierten Prototypen zur frühzeitigen Spannungsanalyse im Produktentwicklungsprozeß.* 2001. Tese (Doutorado) – Fakultat Konstruktions und Fertigungstechnik, Universität Stuttgart, Stuttgart, 2001.

GEBHARDT, A. *Rapid Prototyping – Werkzeuge für die schnelle Produktentwicklung.* München: Hanser, 2000. 409 p.

KRAUSE, T. *Lasersintern von Porzellan.* 2002. Tese (Doutorado) – Fakultat fur Bergbau, Huttenwesen und Maschinenwesen, Technischen Universität Clausthal, Clausthal, 2002.

KÜNSTNER, M. *Beitrag zur Optimierung des Multiphase Jet Solidification (MJS) – Verfahrens zur Freiformenden Herstellung funktionaler Prototypen.* 2002. Tese (Doutorado) – Universität Bremen, Bremen, 2002.

MEINERS, W. *Direktes selektives Laser Sintern einkomponentiger metallischer Werkstoffe.* 1999. Tese (Doutorado) – Fakultat fur Maschinenwesen, Rheinisch Westfalischen Technischen Hochschule (RWTH), Aachen, 1999.

RETTENMAIER, M. *Entwicklung eines Modellierungs-Hilfssystems für Rapid Prototyping gerechte Bauteile.* 2002. Tese (Doutorado) – Fakultat fur Konstruktions und Fertigungstechnik, Universität Stuttgart, 2002.

STEINBERGER, J. *Optimierung des Selektiven-Laser-Sinters zur Herstellung von Feingußteilen für die Luftfahrtindustrie.* 2001. Tese (Doutorado) – Technischen Universität München, München, 2001.

TILLE, M. C. *Probleme und Grenzen der Stereolithographie als Verfahren zur schnellen Herstellung genauer Prototypen.* 2003. Tese (Doutorado) – Lehrstuhl fur Feingeratebau und Mikrotechnik von der Fakultat fur Maschinenwesen, Universität Technischen München, 2003.

WESTKÄMPER, E.; BIESINGER, B.; KOCH, K. U. Innovative Generative Manufacturing of 3-Dimensional Structures. *Production Engineering*, Fraunhofer Institut for Manufacturing Engineering and Automation (IPA) Stuttgart, Germany, v. IX/1, p. 43-46, 2002.

WIRTZ, H. M. *Selektives Lasersintern von Keramikformschalen für Gießanwendungen.* 2000. Tese (Doutorado) – Berichte aus der Produktionstechnik von der Fakultat fur Maschinenwesen der Rheinisch-Westfalischen Technischen Hochschule (RWTH) Aachen, Aachen, 2000.

CAPÍTULO 8

Geração da trajetória

Neste capítulo, apresentam-se diferentes estratégias de geração de trajetória do sistema extrusor ou do laser dos diferentes processos de fabricação de peças ou protótipo via impressão. Por fim, são indicadas referências acerca do tema para aprofundamento dos conhecimentos.

8.1 ESTRATÉGIAS DE GERAÇÃO DE TRAJETÓRIA NO PF3D

A geração da trajetória é o estágio final da preparação dos dados para o PF3D antes da fabricação de fato da peça ou do protótipo.

Em virtude das diferentes naturezas dos PF3D, não existe um padrão de máquina para gerar os códigos da trajetória, pois cada processo se baseia em suas características e necessidades, e isso requer dados com informações específicas para se gerar a trajetória em cada processo (ASIABANPOUR; KHOSHNEVIS, 2004); por exemplo, na Figura 8.1 observa-se que existem duas possibilidades de geração da trajetória para se fabricar uma peça ou um protótipo, quais sejam:

a) Trajetória com deslocamentos da mesa na direção dos eixos X e Y: nessa situação há necessidade de definir deslocamentos para processos via deposição, como FDM, MJS, EP e Sanders, nos quais o bico injetor não repete o deslocamento na mesma camada, evitando-se assim o acúmulo de material. Já para os processos SLA, F&S, SLS, LS, LENS, LOM e SAHP, os quais usam *laser* focado sobre uma superfície, não existe acúmulo de material, pois não ocorre depósito de material e é imediata a interrupção da ação do *laser* sobre a superfície.

b) Nos processos MJM e 3DP (Figura 8.1) a trajetória com deslocamentos da mesa é na direção dos eixos X: nesse caso os bicos injetores cobrem o campo de atuação da camada, de modo a não serem necessários deslocamentos no eixo Y. O controle do depósito do material é feito pela interrupção de injetores ao ser deslocado no eixo X, de modo a não ocorrer acúmulo de material na mesma camada.

No processo SGC (Figura 8.1) a construção da peça ou do protótipo é realizada pela ação da lâmpada sobre uma máscara, que foi previamente gerada com a forma da camada, de modo a não necessitar de deslocamentos tanto no eixo X quanto no eixo Y.

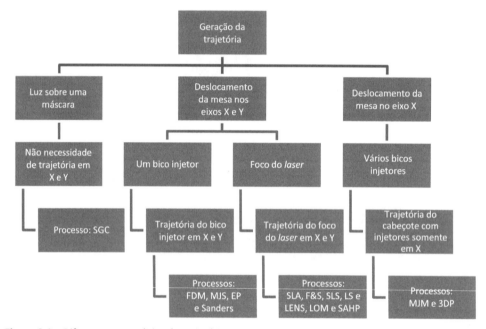

Figura 8.1 Diferentes estratégias de trajetórias.

Como descrito na Seção 4.2 ("Interface STL e formatos neutros"), na forma tridimensional do formato STL a peça ou o protótipo é representado pela superfície obtida pela união dos pequenos triângulos lado a lado. Esse volume é então fatiado de modo que se obtém um contorno da peça ou do protótipo no plano X-Y. Assim, o princípio dos processos do PF3D está relacionado a como preencher esse contorno com um certo tipo de material para construir a camada da peça ou do protótipo e como "juntar" essas camadas para formar o modelo da peça ou do protótipo.

A estratégia para trajetória em X e Y envolve a construção de cada camada da peça ou do protótipo com um material que é depositado por meio de bico(s) injetor(es) ou foco do *laser*. Nesse contexto, a trajetória do injetor é calculada considerando as características do material, isto é, se ele é sólido, fluidificado ou em pó, e que processos de transformação física são utilizados, por exemplo, fusão via *laser* ou resistência elétrica etc. Esses são alguns dos fatores que influenciam a estratégia de deslocamentos na direção X e Y do injetor no processo de deposição de material, que pode ser, por exemplo, em forma de fio (FDM), em forma de pasta (MJS), em forma de grãos (EP) etc. Além disso, é fundamental que se considere uma fundição e solidificação do material que assegure a qualidade da peça ou do protótipo.

A Figura 8.2-A mostra um exemplo de uma trajetória não apropriada para o depósito de material, pois há necessidade de interrupção do fluxo de material depositado, o que implica uma estratégia não otimizada. Já na Figura 8.2-B o algoritmo reconhece as fronteiras-limite onde o material deve ser depositado, mantendo um fluxo contínuo de deposição do material.

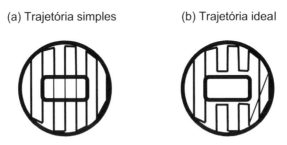

Figura 8.2 Representação da estratégia de preenchimento: a) trajetória simples; b) trajetória ideal.

Fonte: Künstner (2002).

REFERÊNCIAS

ASIABANPOUR, B. *et al.* Advancements in the SIS process. In: PROCEEDINGS FROM THE 14TH SFF SYMPOSIUM, Austin, ago. 2003, p. 25-38.

KÜNSTNER, M. *Beitrag zur Optimierung des Multiphase Jet Solidification (MJS) – Verfahrens zur Freiformenden Herstellung funktionaler Prototypen*. 2002. Tese (Doutorado) – Universität Bremen, Bremen, 2002.

CAPÍTULO 9

Características de dispositivos dos processos de impressão 3D

Colaborador: Edílson Hiroshi Tamai

Neste capítulo, são apresentados os sistemas a laser, *lançando luz acerca dos tipos de sistemas para direcionar o feixe de* laser, *e os sistemas por extrusão de material fundido a partir de filamento, com ênfase na modelagem cinemática do sistema extrusor, a fim de determinar os valores-limite dos parâmetros operacionais, como velocidades ideais de deposição e da superfície de deposição, e também analisar o sistema dinâmico da extrusão no FDM. Por fim, são indicadas referências acerca do tema para aprofundamento dos conhecimentos.*

9.1 INTRODUÇÃO

Embora as máquinas de impressão 3D disponíveis no mercado forneçam as instruções de uso, e mesmo considerando que os fornecedores disponibilizam serviços de treinamento e consultoria, é importante que o usuário conheça os princípios fundamentais de funcionamento dos dispositivos de mudança de estado fisico da matéria-prima dos processos de prototipagem rápida. Com isso, pode realizar uma escolha consciente dos parâmetros do processo, para um projeto adequado do próprio produto a ser fabricado em função das características do processo, e, assim, obter os melhores resultados e usufruir das vantagens do processo de impressão 3D. Além disso, o conhecimento sobre o processo também é importante para orientar as pesquisas que objetivam o desenvolvimento do processo e do dispositivo de impressão 3D e para a seleção ótima dos parâmetros do processo.

Não é objetivo deste texto dissecar como um todo as características de todos os processos de impressão 3D existentes, mas apenas ressaltar a importância da modelagem matemática, por meio de exemplos que abordam os principais processos. Pela importância, serão abordadas as características de sistemas a *laser* e de sistemas por extrusão.

9.2 SISTEMAS A *LASER*

Os sistemas a *laser* trabalham pelo mesmo princípio de fornecimento controlado de energia a uma porção finita do material base, fornecimento esse destinado a transformar o material seja pela fusão de um substrato metálico (geralmente pós-metálicos em um processo de sinterização – *laser-sinter* e similares), seja pela cura de material polimérico (*stereolithography* e similares). Os outros métodos de impressão 3D que também usam o *laser* não serão abordados.

O esquema básico é mostrado na Figura 9.1. Nessa figura observa-se a necessidade de se conhecer a profundidade z_c de absorção ótica. Se o deslocamento z para a próxima camada for muito maior que z_c, pode não haver aderência de uma camada com a outra; se esse deslocamento for muito menor, parte da energia do *laser* é desperdiçada, aquecendo uma porção da resina já curada. A profundidade de absorção ótica z_c (Expressão (9.1)) pode ser determinada em função do coeficiente de absorção ótica α do material, que depende também do comprimento de onda do feixe *laser*:

Vídeos sobre a forma como o *laser* trabalha:

http://livro.link/pfi41

http://livro.link/pfi42

http://livro.link/pfi43

$$z_c = \frac{1}{\alpha} \tag{9.1}$$

Desprezando a parcela refletida, a energia E (Expressão (9.3)) recebida pelo volume de resina afetado diretamente pelo feixe *laser* depende da potência P do feixe e do tempo t_d de permanência do feixe sobre a resina. O tempo t_d (Expressão (9.2)), por sua vez, depende do diâmetro $d = 2r$ do feixe e da velocidade v de deslocamento do feixe:

$$t_d = \frac{2r}{v} \tag{9.2}$$

$$E = P \cdot t_d = P \cdot \frac{2r}{v} \tag{9.3}$$

A massa m de material diretamente afetado é:

$$m = \pi r^2 z_c \cdot \rho \tag{9.4}$$

em que ρ é a massa específica da resina.

O aumento de temperatura ΔT pode ser demonstrado pela Expressão (9.5), em que C_p é a capacidade térmica da resina à pressão constante:

$$\Delta T = \frac{E}{m \cdot C_p} = \frac{P \cdot t_d}{\pi r^2 z_c \cdot C_p} = \frac{P \cdot 2r \cdot \alpha}{\pi r^2 \cdot v \cdot C_p} \Rightarrow \Delta T = \frac{2P\alpha}{\pi r v C_p} \tag{9.5}$$

Esse aumento da temperatura deve ser o necessário para atingir uma temperatura crítica T_c, em que a cura da resina é completa e bastante rápida. Este é um modelo bastante simplificado, porém permite observar que o uso de um feixe *laser* de maior potência é necessário para aumentar a produtividade do processo, mas potências baixas também podem ser usadas, desde que a velocidade v de deslocamento do *laser* (ou o diâmetro $d = 2r$ do feixe) seja menor. Modelos mais precisos exigem abordagens numéricas, como o método dos elementos finitos, e devem considerar outros efeitos, como a condução térmica, convecção, a influência da carga e do agente de cura eventualmente presentes na resina, entre outras grandezas físicas ou até mesmo químicas.

O diâmetro d do feixe, por sua vez, depende do sistema ótico empregado.

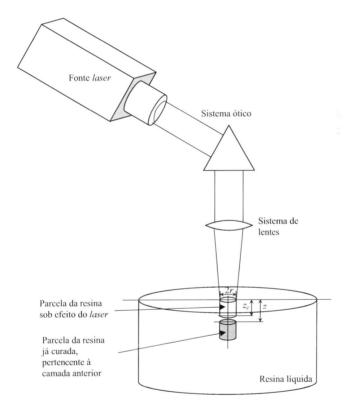

Figura 9.1 Esquema da focalização do *laser* em uma porção limitada do material.

Fonte: adaptada de Munhoz (1997).

9.2.1 TIPOS DE SISTEMAS PARA DIRECIONAR O FEIXE DE *LASER*

Segundo Laeng, Stewart e Liou (2000) existem dois principais sistemas empregados para o direcionamento do feixe de *laser*: o sistema reflexivo-transmissivo (lentes, prismas e espelhos) e o sistema por fibra ótica (fibras óticas e lentes), que é adequado para *laser* de pequeno comprimento de onda (ordem de grandeza de 1 µm ou menor).

O sistema ótico é imprescindível, uma vez que o feixe *laser* por si só não tem muita utilidade se não for focado propriamente e se não puder ser disponibilizado no local onde é necessário. No caso de impressão 3D, o feixe *laser* deve varrer uma superfície, e o sistema ótico é o responsável por esse movimento.

Para um sistema reflexivo-transmissivo, o diâmetro d do feixe *laser* pode ser expresso por:

$$d = M^2 \frac{4\lambda d_f}{\pi \cdot D} \tag{9.6}$$

em que M^2 depende do modo transversal eletromagnético (TEM) e λ é o comprimento de onda do *laser*, que pode variar. O parâmetro d_f é a distância focal e D é o diâmetro do feixe *laser* na entrada do sistema ótico. A Figura 9.2 mostra alguns valores de M^2, e a Figura 9.3 mostra os parâmetros de foco de um sistema ótico reflexivo-transmissivo.

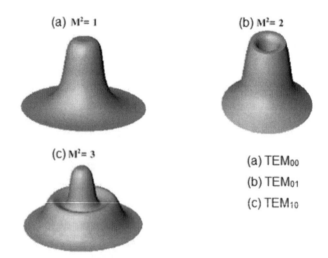

Figura 9.2 Valores de M^2 para diferentes modos transversais eletromagnéticos (TEM).

Fonte: adaptada de Laeng, Stewart e Liou (2000).

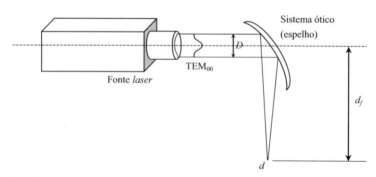

Figura 9.3 Parâmetros de foco de um sistema ótico reflexivo-transmissivo.

O modo fundamental TEM_{00} permite obter menores valores de d, mantidos os demais parâmetros (menor valor de M^2); outros modos possuem uma distribuição de energia mais uniforme.

Para um sistema que usa fibra ótica, o diâmetro do feixe em seu alvo depende do diâmetro d_n do núcleo da fibra ótica (Expressão (9.7)), da distância focal d_{fc} do colimador e da distância focal d_f (veja a Figura 9.4).

$$d = \frac{d_f}{d_{fc}} d_n \qquad (9.7)$$

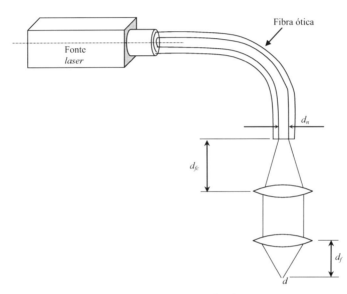

Figura 9.4 Sistema por fibra ótica com colimador e lente focal.

Em processos de impressão 3D por sinterização a *laser* (*laser-sinter* e similares), a energia E (Expressão (9.8)) deve ser suficiente para fundir o material da matriz ou o pó metálico:

$$E = m\left(C_p \Delta T + H_m\right) \qquad (9.8)$$

em que m é a massa da parcela da matriz atingida pelo feixe *laser* e que deve ser fundida, C_p é a sua capacidade térmica, ΔT é a variação entre a temperatura inicial e a temperatura de fusão, e H_m é o calor latente de fusão.

Deve ser observado que a Equação (9.8) mostra o total de energia fornecido pelo feixe, e, no caso de sistema do tipo *laser-sinter*, considera-se que em materiais metálicos parte considerável da energia é transmitida para regiões adjacentes e também refletida, e para muitos metais a porcentagem de energia absorvida (e usada para aquecer o material até a fusão) é pequena, na faixa de 10% a 20%. A refletividade depende do material e do comprimento de onda do feixe *laser*.

Seja em sistemas do tipo *stereolithography* ou *laser-sinter*, a qualidade das peças fabricadas depende também de inúmeros outros fatores. A cura da resina, por exemplo, não é instantânea, há uma dinâmica envolvida que depende da resina, do comprimento de onda do *laser*, da carga usada para modificar as propriedades mecânicas finais da peça (geralmente pós cerâmicos), de fenômenos térmicos, causando encolhimento desigual, o que cria tensões internas e deformações na peça. Na sinterização, como podem ser usados diversos materiais, de polímeros a metais, também ainda há muito o que se pesquisar para o entendimento do processo e sua otimização. No caso de metais, por exemplo, a taxa de resfriamento da parcela em que ocorreu a fusão pode alterar a estrutura do material, mudando o tamanho do grão, criando regiões com martensita;[1] a forma e o tamanho das partículas que compõem o pó e outros parâmetros do processo determinam maior ou menor porosidade; uma potência regulada com intensidade impropriamente maior pode gerar plasma (vaporização do metal).

A deformação da peça causada por esses problemas pode ser usada propositadamente em outra categoria de prototipagem rápida,[2] a conformação de chapas metálicas sem o uso de ferramentas tradicionais de conformação. O feixe *laser* é usado para aquecer a chapa de metal localmente, em regiões adequadas para causar a deformação desejada, conformando a chapa (THOMSON; PRIDHAM, 1997).

9.3 SISTEMAS POR EXTRUSÃO DE MATERIAL

9.3.1 EXTRUSÃO DE MATERIAL FUNDIDO A PARTIR DE FILAMENTO

Os processos do tipo *fused layer modeling* (FLM) caracterizam-se pela fabricação da peça pela adição de material fundido, camada por camada. Entre os principais processos com essa abordagem temos o FDM (*fused depositon modeling*) e o MJM (*multi-jet modeling*). A diferença básica entre ambos é a forma de deposição do material: nos métodos FDM e MJS (*multiphase jet solidification*), o material é depositado na forma de filamento, extrudado por um cabeçote, e no método MJM o material é depositado na forma de gotículas, injetadas por um cabeçote. Em ambos os métodos o material está, inicialmente, no estado sólido e é necessário aquecimento para se fazer a deposição.

A Figura 9.5 mostra o esquema básico de um sistema de prototipagem rápida do tipo FDM.

---

[1] As condições para a formação da martensita, resfriamento brusco, também causam tensões internas e até trincas na peça.

[2] Cabe mencionar que o termo prototipagem rápida tem sido associado apenas aos métodos de fabricação pela adição de material camada por camada, muito embora seja muito mais geral. Certos autores, para evitar esse problema, usam o termo fabricação por camadas (*layer manufacturing*) para designar especificamente os métodos de fabricação pela adição de material camada por camada.

Características de dispositivos dos processos de impressão 3D 97

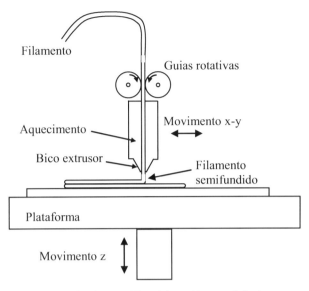

Figura 9.5 Esquema básico do método FDM (*fused deposition modeling*).

O processo é bastante complexo, envolvendo extrusão, deposição do filamento, resfriamento, adesão entre os filamentos para compor a peça, ou seja, exigindo conhecimentos de mecânica, hidrodinâmica, termodinâmica, transferência de calor, reologia, tribologia, entre outras áreas. Basicamente pode-se dividir o problema no processo mecânico de extrusão e no processo termodinâmico de resfriamento e adesão entre os filamentos.

Vídeo sobre o dispositivo de extrusão:

http://livro.link/pfi44

O resfriamento possui um papel importante na qualidade da peça fabricada. Se o resfriamento for muito lento, as elevadas temperaturas, próximas do ponto de fusão do material, diminuem a viscosidade, podendo gerar instabilidade dimensional, ou seja, a peça se deforma, pois os filamentos "escorrem". Se o resfriamento for muito rápido, não há aderência entre os filamentos e as camadas, correndo-se o risco de se obter não uma peça, mas um "novelo" de linha. Um modelo para o fenômeno do resfriamento envolve equações diferenciais a derivadas parciais, que podem ser analisadas numericamente usando o método de volumes finitos, por exemplo (YARDIMCI; GÜÇERI, 1996).

Sendo q a entalpia específica, o modelo apresentado por Yardimci e Güçeri é mostrado na Expressão (9.9):

$$\rho \frac{\partial q}{\partial t} = k \frac{\partial^2 T}{\partial x^2} - \frac{h}{h_{ef}}(T - T_\infty) - \frac{k}{b^2}(T - T_a) \tag{9.9}$$

em que ρ é a densidade do material do filamento, t é o tempo, k é a condutividade térmica, T é a temperatura média de uma seção do filamento, x é a coordenada axial do filamento sendo depositado, h é o coeficiente de transferência de calor por convecção, h_{ef} é um termo representando a razão entre volume e área de troca de calor por convecção, T_∞ é a temperatura ambiente, b é a largura do filamento e T_a é a temperatura de filamentos adjacentes. As condições de contorno adotadas são mostradas a seguir.

Na saída do bico extrusor adota-se que a temperatura do filamento seja igual à temperatura T_f (Expressão (9.10)) de fusão do material:

$$T = T_f \tag{9.10}$$

Nos trechos livres (abertos):

$$-k\frac{\partial T}{\partial n} = h\left(T - T_\infty\right) \tag{9.11}$$

em que n representa a direção normal à superfície livre.

Já a adesão entre os filamentos pode ser indiretamente avaliada pelo "potencial de adesão" (*bonding potencial*) ϕ:

$$\phi = \int_0^t \left(T - T_c\right)d\tau \tag{9.12}$$

em que T_c é uma temperatura crítica para a ocorrência da adesão, e τ é a variável de integração. Basicamente, o potencial de adesão ϕ é maior quanto maior for a temperatura T de uma seção do filamento em relação à temperatura crítica T_c e quanto mais tempo t permanecer maior.

Na extrusão podem ocorrer obstrução do bico extrusor, vibração, variação no fluxo de material, flambagem do filamento na entrada do dispositivo de aquecimento, prejudicando a produtividade e a qualidade da peça fabricada. A flambagem depende basicamente do módulo de elasticidade E do material e da sua aparente viscosidade η_a, medida em um reômetro[3] capilar (VENKATARAMAN *et al.*, 2000). Se a razão E/η_a for maior que um certo valor crítico, não há flambagem.

A tensão crítica σ_{cr} de flambagem é dada por:

$$\sigma_{cr} = \frac{\pi^2 E}{4\left(L/R\right)^2} \tag{9.13}$$

em que L é o comprimento do segmento do filamento entre a guia rotativa e a entrada do aquecedor (ver Figura 9.6) e R é a raio do filamento.

---

[3] É um instrumento utilizado para medir a viscosidade em líquidos com viscosidades que variam de acordo com as condições de fluxo.

Características de dispositivos dos processos de impressão 3D

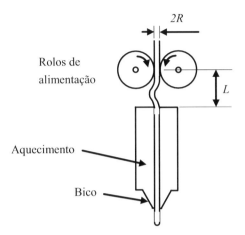

Figura 9.6 Esquema mostrando a flambagem do filamento.

Em um reômetro capilar, a queda de pressão ΔP pode ser expressa por:

$$\Delta P = \frac{8\eta_a Q l}{\pi r^4} \tag{9.14}$$

em que Q é a vazão volumétrica e l e r são, respectivamente, o comprimento e o raio do tubo capilar.

O processo de extrusão se assemelha ao que ocorre no tubo capilar do reômetro, e, supondo um fator k, a queda de pressão $\Delta P'$ no extrusor pode ser estimada por (VENKATARAMAN *et al.*, 2000):

$$\Delta P = k \Delta P' \tag{9.15}$$

Para não haver flambagem, deve-se ter $\Delta P' < \sigma_{cr}$, ou seja:

$$\frac{E}{\eta_a} > \frac{8Ql\left(L/R\right)^2}{k\pi^3 r^4} \tag{9.16}$$

Segundo Venkataraman *et al.* (2000), para não haver flambagem, a razão E/η_a deve ser maior que um certo valor crítico que se situa em uma faixa entre 3×10^5 e 5×10^5 s^{-1}.

9.3.2 MODELAGEM CINEMÁTICA DE SISTEMA EXTRUSOR POR ÊMBOLO

A modelagem cinemática do extrusor baseia-se nos conceitos de extrusão de polímeros (MANRICH, 2005) e no sistema de escoamento dos fluidos (BRUNETT, 1974) conforme as grandezas ilustradas na Figura 9. 7. Nesse modelo observa-se que a vazão em cada ponto da secção do cilindro pode ser dada pela expressão:

$$Q = \int_A v \, da \tag{9.17}$$

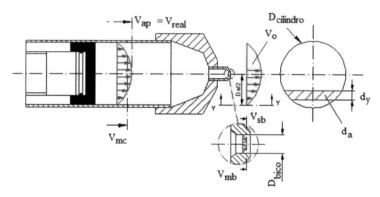

Figura 9.7 Grandezas dimensionais constituintes do sistema "dispositivo extrusor".

Fonte: Lira, Tamai e Batalha (2008).

Define-se velocidade média na secção interna do cilindro (V_{mc}) como sendo uma velocidade uniforme que, substituída pela velocidade real (V_{real}), reproduz a mesma vazão na secção interna do cilindro (Q_{mc}).

$$Q_{mc} = \int v \, da = V_{mc} A \quad \therefore \quad V_{mc} = \frac{1}{A} \int v \, da \tag{9.18}$$

Adotando uma distribuição quadrática:

$$v = C_1 Y^2 + C_2 \tag{9.19}$$

Ao determinarem-se as constantes C_1 e C_2 pelas condições de contorno, obtém-se a seguinte relação:

$$v = \frac{4 V_{real}}{D_{cilindro}^2} Y^2 \tag{9.20}$$

Usando-se a Expressão (9.20a), é determinada a velocidade média na secção interna do cilindro, como segue:

$$V_{mc} = \frac{1}{\frac{\pi D_{cilindro}^2}{4}} \int_0^{\frac{D_{cilindro}}{2}} v \pi D_{cilindro} dY \tag{9.20a}$$

Substituindo-se a Expressão (9.20a) pela (9.20b) e simplificando-a, temos a velocidade média na secção interna do cilindro (V_{mc}) em função da velocidade real (V_{real}), como segue:

$$V_{mc} = V_{mb} = \frac{2}{3} V_{real} = \frac{2}{3} V_{sb} \tag{9.20b}$$

A extrusão de polímeros fundidos normalmente produz extrudados com secção transversal mais larga do que o orifício de saída (SCHRAMM, 2006; MANRICH, 2005). Na extrusão sob temperatura ambiente, esse fenômeno também ocorre, pois parte da energia potencial (pressão) presente na entrada para forçar o polímero a se deslocar através do bico é usada para deformação elástica das moléculas que estocam essa energia temporariamente até que o material fundido possa sair do bico. Após a saída, o diâmetro do material extrudado aumenta, conforme exemplificado na Figura 9.8, na qual está representado o diâmetro do filamento antes da deposição (Df_a). Este tem a mesma dimensão do diâmetro do bico extrusor e o diâmetro após a extrusão (Df_d).

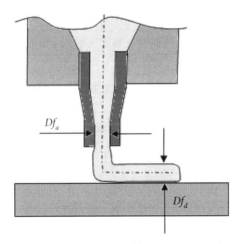

Figura 9.8 Diferenças dimensionais do diâmetro do filamento antes e depois da extrusão.

O diâmetro do filamento após a deposição (Df_d) é estabelecido com a consideração da taxa de extrusão (*TE*), que é uma relação entre o diâmetro do filamento após a deposição (Df_d) e o diâmetro do bico extrusor, no sistema de extrusão. Essa taxa é inerente aos processos de extrusão, de modo que a velocidade de deposição (V_d) resulta em:

$$V_{mb} = \frac{2}{3}\frac{V_{sb}}{TE} \qquad (9.21)$$

A Expressão (9.21) poderia ser expandida com a inclusão e análise de outros fatores, como a velocidade de cura do material, a geometria do bico, a distância entre o bico e a superfície, o processo de aderência entre as camadas, a contração do material após a cura etc.

9.3.3 MODELAGEM CINEMÁTICA DE SISTEMA EXTRUSOR FDM

O modelamento cinemático do sistema extrusor considera como grandezas literais (Figura 9.10) os seguintes itens: diâmetro do filamento (D_f), diâmetro dos rolos puxadores (D_{rolo}), velocidade angular dos rolos (W), diâmetro interno do cilindro (D_c), diâmetro interno do bico (D_{bico}) (YARDIMCI; GÜÇERI, 1996). Como o material a ser extrudado é um polímero, também a modelagem cinemática se baseia nos conceitos de extrusão de polímeros e no sistema de escoamento dos fluidos. As grandezas estão ilustradas na Figura 9.9. Neste modelo observa-se que a vazão ocorre em cada ponto da secção do cilindro e pode ser dada pela Expressão (9.22), que é a mesma que a Expressão (9.17):

$$Q = \int_A v.da \qquad (9.22)$$

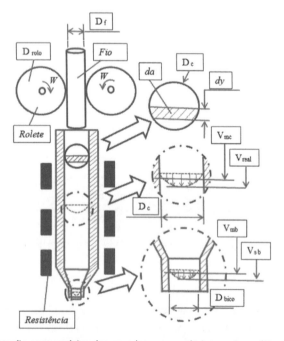

Figura 9.9 Representação esquemática das grandezas geométricas e cinemáticas no sistema extrusor.

A velocidade média na secção interna do cilindro (V_{mc}) é uma velocidade uniforme que, substituída pela velocidade real (V_{real}), também reproduz a mesma vazão na secção da Equação (9.18) e nessa Equação (9.23).

$$Q = \int v.da = V_{mc}.A \therefore V_{mc} = \frac{1}{A}\int v.da \tag{9.23}$$

Pelo diagrama da curva (Figura 9.10), temos Equação (9.24) igual à Equação (9.19):

$$V = C_1 y^2 + C_2 \tag{9.24}$$

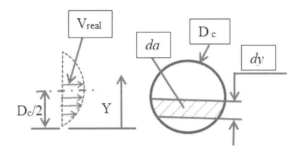

Figura 9.10 Relações das grandezas no diâmetro interno do cilindro.

As constantes C_1 e C_2, Equação (9.24), são determinadas pelas condições de contorno, e daí obtém-se a seguinte relação:

$$v = \frac{4.V_{real}}{D_c^2}.Y^2 \tag{9.25}$$

Usando-se a Equação (9.25), determina-se a velocidade média na secção interna do cilindro, como segue:

$$V_{mc} = \frac{1}{\left(\dfrac{\pi D_c^2}{4}\right)} \int_0^{\frac{D_c}{2}} v.D_c.dy \tag{9.26}$$

Substituindo-se v pela Expressão (9.25) e simplificando, temos a velocidade média interna do cilindro em função da velocidade real (V_{real}), como segue:

$$V_{mc} = \frac{2}{\pi}.V_{real} \tag{9.27}$$

A velocidade média na secção interna do cilindro é obtida em função da velocidade de avanço fornecida pelos rolos puxadores ao se substituir a velocidade real (V_{real}) na Expressão (9.26):

$$V_{mc} = \frac{2}{\pi}.w.\frac{D_{rolo}}{2}$$ (9.28)

A velocidade média de saída do material através do bico (V_{msb}) é dada por:

$$V_{msb} = \frac{2}{\pi}.V_{real}$$ (9.29)

A vazão média na secção interna do cilindro é igual à vazão média na saída do bico, logo se tem:

$$Q_{mc} = Q_{msb}$$ (9.30)

Resolvendo a igualdade, tem-se a velocidade média de saída de material através do bico para materiais incompressíveis, como segue:

$$V_{msb} = \frac{W}{\pi}.\left(\frac{D_c}{D_b}\right)^2.D_{rolo}$$ (9.31)

em que W é a velocidade angular dos rolos sem considerar escorregamento entre os rolos e o filamento.

A Expressão (9.31) obtida considera o sistema de extrusão livre de vibrações.

9.3.4 EFEITO REOLÓGICO NO POLÍMERO NA EXTRUSÃO POR ÊMBOLO E FDM

No FDM o material utilizado para a extrusão é um polímero, logo deve-se conhecer o seu comportamento durante o processo de extrusão, pois estudos indicam que na extrusão ocorre o fenômeno do inchamento do polímero, que é um efeito viscoelástico característico deste. Esse material apresenta sempre elevado valor de inchamento do extrudado, que pode chegar a 200% de deformação.

O polímero, ao ser deformado por cisalhamento entre as paredes do bico ($D_{bico.}$) (Figura 9.11), tem suas cadeias orientadas na direção do fluxo. Isso é uma deformação elástica, que não é totalmente recuperada, e a parte recuperável ocorre após a extrusão. Assim, há uma parcela de deformação permanente. A parcela recuperada é dependente de variáveis físicas e de características do polímero, como temperatura, taxa de cisalhamento, coeficiente de fricção, comprimento do paralelo (C) e diâmetro do bico (D_{bico}).

Características de dispositivos dos processos de impressão 3D 105

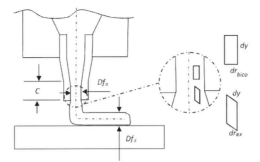

Figura 9.11 Diâmetro do filamento antes da deposição (Df_a) que tem a mesma dimensão do diâmetro do bico (D_{bico}); diâmetro do filamento após a deposição ($D_{ex.}$).

O resultado disso é o aumento do diâmetro do filamento, decorrente do inchamento do extrudado (IE). Esse inchamento pode ser medido empiricamente, obtendo-se a relação dada pela Expressão (9.32).

$$IE = \frac{D_{ex.}}{D_{bico}} \qquad (9.32)$$

Para determinar o valor do IE serão consideradas as seguintes variáveis (Figura 9.12): velocidade do material através do bico (Expressão (9.32)), que está relacionada com a rotação do motor de passo, diâmetro do cilindro, diâmetro do bico e diâmetro do rolo.

A temperatura será regulada em graus celsius (°C) de acordo com o tipo de polímero.

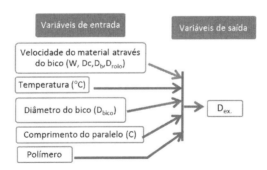

Figura 9.12 Variáveis de entrada e de saída para a determinação do inchamento do extrudado.

9.3.5 DETERMINAÇÃO DOS VALORES LIMITES DOS PARÂMETROS OPERACIONAIS

Independentemente da tecnologia de transmissão de movimento empregada no sistema de deslocamento do êmbolo contra a mesa ou anteparo de deposição, a alimentação com o material confinado em um cilindro extrusor com velocidade de avanço do embolo (V_e) deve ser ajustada em função da velocidade de deposição (V_d).

Essa velocidade está vinculada ao diâmetro do bico extrusor (D_{bico}), de modo que a velocidade de deposição deve ser balanceada com a velocidade de deslocamento da superfície de deposição (V_{dsd}), para não ocorrer o acúmulo ou falta de material durante a deposição. Objetivando o balanceamento, impõe-se a determinação dos intervalos de limite, discutidos a seguir.

A Figura 9.13 apresenta a curva da velocidade de deposição (V_d) *versus* a velocidade de deslocamento da superfície de deposição (V_{dsd}), na qual se acham os pontos-limite de acúmulo (PLA) e falta de material (PLF). Desse modo é possível estabelecer os intervalos-limite (ILS – intervalos-limite de segurança) para equilíbrio tanto da velocidade de deposição quanto da de deslocamento da superfície de deposição, favorecendo a forma geométrica da peça ou protótipo, na rugosidade superficial, entre outros aspectos. A determinação dos intervalos-limite desses parâmetros minimiza ou mesmo elimina o problema da falta ou acúmulo de material, principalmente se essas velocidades forem ajustadas por sistemas de controle por realimentação:

$$ILS_{Vd} \rightarrow Vd_{limite\_acúmulo} \; e \; Vd_{limite\_falta} \tag{9.33A}$$

$$ILS_{dsd\,ideal} \rightarrow V_{dsd\_limite\_acúmulo} \; e \; V_{dsd\_limite\_falta} \tag{9.33B}$$

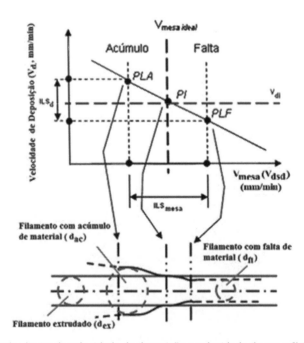

Figura 9.13 Intervalos-limite da velocidade de deposição e velocidade da superfície de deposição.

No gráfico mostrado na Figura 9.13, estão representados tanto os intervalos da velocidade de deposição quanto da velocidade de deslocamento da superfície de deposição, que são importantes fatores operacionais, pois influenciarão a rugosidade (Ra) e a forma geométrica da peça ou do protótipo fabricado.

Usando-se a equação geral da função polinomial do 1º grau e a Figura 9.14, obtém-se a Equação (9.34):

$$\left[Vd_{limite\_falta} - Vd_{limite\_acúmulo} \right].V_{dsd} + \left[V_{dsd\_limite\_falta} - V_{dsd\_limite\_acúmulo} \right].Vd - $$
$$-V_{dsd\_limite\_acúmulo}.Vd_{limite\_falta} + V_{dsd\_limite\_falta}.Vd_{limite\_acúmulo} = 0 \tag{9.34}$$

9.3.6 VELOCIDADES IDEAIS DE DEPOSIÇÃO E DA SUPERFÍCIE DE DEPOSIÇÃO

Conforme o gráfico mostrado na Figura 9.14, uma coordenada particular é denominada ponto ideal (PI), pois é o ponto em que se tem um valor de velocidade de deposição ideal (Vd_i) e um valor de velocidade da superfície de deposição ideal ($Vdsd_{ideal}$). A determinação dos valores desses pontos é obtida via solução do sistema da Equação (9.36), que é uma reta que passa pela origem dos sistemas de coordenadas, e da Equação (9.35), como segue:

$$\left[Vd_{limite\_falta} - Vd_{limite\_acúmulo} \right].V_{dsd} = V \tag{9.35}$$

As coordenadas do ponto ideal (PI) são obtidas resolvendo-se o sistema de equações que envolvem a Equação (9.25) e a Equação (9.26). Assim, obtém-se:

$$Vd_i = \frac{-V_{dsd\_limite\_acúmulo}.Vd_{limite\_falta} + V_{dsd\_limite\_falta}.Vd_{limite\_acúmulo}}{V_{dsd\_limite\_falta} - V_{dsd\_limite\_acúmulo} + 1} \tag{9.36}$$

e

$$V_{dsdideal} = \frac{\left(-V_{dsd\_limite\_acúmulo}.Vd_{limite\_falta} + V_{dsd\_limite\_falta}.Vd_{limite\_acúmulo} \right)}{\left(Vd_{limite\_falta} - Vd_{limite\_acúmulo} \right).\left(V_{dsd\_limite\_falta} - V_{dsd\_limite\_acúmulo} + 1 \right)} \tag{9.37}$$

Como ilustrado na Figura 9.14, o ponto ideal (PI) representa o melhor balanceamento entre a velocidade de deposição (Vd) e a velocidade da superfície de deposição (V_{dsd}).

A velocidade da superfície de deposição deve ser, portanto, igual à velocidade de deposição para não haver falta ou acúmulo de material. Entretanto, para materiais compósitos cuja cura ocorre à temperatura ambiente e que não exigem aquecimento para a deposição, resultados experimentais sugerem que a velocidade de deposição deve ser um pouco maior que a velocidade de deslocamento da superfície de deposição

(KWON *et al.*, 2002), pelo menos para materiais cerâmicos (como a argila), conclusão igual à de Lira (2008) para materiais compósitos extrudados à temperatura ambiente, assim obtido peças com melhor acabamento e melhores tolerâncias dimensionais.

Outro ponto importante a ser destacado é o valor absoluto da velocidade de deposição. Em princípio, para diminuir o tempo do processo, quanto maior a velocidade, melhor, mas devem existir limites devido a outros fatores, como o aumento da pressão interna no cilindro, aumento da potência do motor e aumento do consumo de energia, e pode haver efeitos na qualidade do produto final (rugosidade, deformação causada pela falta de tempo para a cura parcial do material antes da deposição da próxima camada etc.).

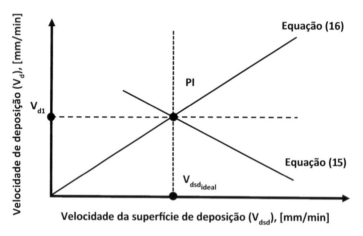

Figura 9.14 Pontos ideais da velocidade de deposição e de velocidade da superfície de deposição.

9.3.7 SISTEMA DINÂMICO DA EXTRUSÃO NO FDM

Algumas das aplicações em processo de fabricação em 3D exigem elevada qualidade superficial ($R_a < 0,1$ μm), mas diversos fatores podem levar a falhas, como instabilidades dinâmicas, entupimento do bico extrusor, variação do fluxo etc. Um melhor entendimento do processo, por meio de modelos que permitam analisar os sinais obtidos de diversos sensores que monitoram o processo, torna-se necessário (BUKKAPATNAM; CLARK, 2007). Resultados experimentais mostram que a vibração da máquina extrusora pode ser modelada por um sistema de dois graus de liberdade, esquematizado na Figura 9.15, na qual x e y são os deslocamentos da estrutura mecânica da máquina extrusora, k_x e k_y representam a rigidez, c_x e c_y o amortecimento, e m, a massa. O sistema está sujeito ao carregamento com as forças F_x e F_y. O modelo, mostrado na Equação 9.38, é não linear, devido aos parâmetros α_1, α_2, β_1 e β_2 (os parâmetros são estimados por meio de análise modal experimental):

$$\begin{cases} m_x \ddot{x} + c_x \dot{x} + k_x \left(1 + \alpha_1 x + \alpha_2 y\right) x = F_x(t) \\ m_y \ddot{y} + c_y \dot{y} + k_y \left(1 + \beta_1 x + \beta_2 y\right) y = F_y(t) \end{cases} \qquad (9.38)$$

Características de dispositivos dos processos de impressão 3D 109

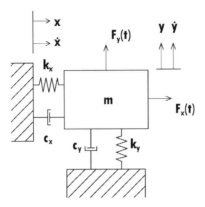

Figura 9.15 Esquema do modelo com dois graus de liberdade representando o modelo dinâmico da máquina extrusora.

A Figura 9.16 mostra o esquema do sistema de alimentação, em que D_e é o diâmetro do filamento, V_e é a velocidade média na seção do orifício, F_{fr} é a força vertical de extrusão do filamento, ω_f e D_r são, respectivamente, a velocidade angular e o diâmetro do rolo de alimentação, L_c é o comprimento do contato entre o filamento e o rolo de alimentação, F_{MV} é a componente vertical da força devido ao sistema de acionamento do rolo de alimentação, F_{fb} é a força devido ao fluxo do material pelo bico extrusor, F_B é a força devido ao contato do material depositado com as camadas anteriores e as espátulas, V_r é a velocidade relativa horizontal da plataforma em relação ao bico extrusor, h é a espessura do filamento depositado e y representa o deslocamento vertical da plataforma devido à vibração.

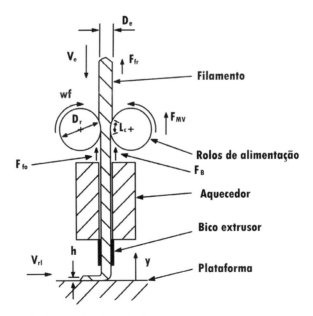

Figura 9.16 Esquema do sistema de alimentação.

Além das forças mostradas na Figura 9.12, temos ainda F_{MH}, que é a componente horizontal da força devido ao sistema de acionamento do rolo de alimentação, e F_p, que é a força horizontal de interação entre o material depositado e a espátula, que traciona e deforma o material extrudado. Segundo Bukkapatnam e Clark (2007), temos:

$$F_B = \rho V_e \left(\gamma^{-1} b^2 V_e - \xi bh V_r \right) \tag{9.39}$$

em que ρ é a densidade do material extrudado, γ representa o grau de entupimento do bico extrusor, b é a largura do orifício do bico extrusor (de seção quadrada) e ξ está relacionado com a compressibilidade do material e determina o quanto de material extrudado é forçado a sair lateralmente pela espátula (expansão lateral). A espessura do filamento depositado pode ser determinada por:

$$h = h_0 + y - y(t-T) \tag{9.40}$$

em que h_0 é a espessura desejada e T é o instante em que o filamento imediatamente abaixo foi depositado. Lembrando que y representa o deslocamento vertical da estrutura devido à vibração.

A velocidade V_e pode ser expressa por:

$$V_e = \gamma \frac{\pi D_e^2}{4b^2} \left(\frac{\omega_f D_r}{2} + \dot{y} \right) \tag{9.41}$$

A força vertical de extrusão do filamento, F_{fr}, pode ser estimada por:

$$F_{fr} = EL_c D_e \tag{9.42}$$

em que E é o módulo de elasticidade do material (módulo de Young). O comprimento L_c do contato entre o filamento e o rolo de alimentação pode ser calculado por:

$$L_c = \sqrt{2\left(\frac{D_r}{2}\right)\left(\frac{D_r}{2} - h_e\right)} \tag{9.43}$$

em que h_e é a redução do diâmetro do filamento quando ele passa pelos rolos de alimentação.

A força F_p, que é a força horizontal de interação entre o material depositado e a espátula, depende de fatores plástico e viscoplástico:

$$F_p = Eh\xi b \frac{\dot{x}}{V_r} + 2\mu hw \frac{\dot{x}}{\xi b} \tag{9.44}$$

em que w é a largura da espátula ($w \approx b$) e μ é a viscosidade do material extrudado.

No trabalho de Bukkapatnam e Clark (2007), a força F_{fb} foi desprezada, pois, nos casos apontados, ela é consideravelmente menor que F_B. A determinação das forças F_{MV} e F_{MH} deve considerar a dinâmica dos motores de acionamento. Os modelos matemáticos dados pelas Equações (9.28) e (9.29) foram usados por Bukkapatnam e Clark (2007) para analisar sinais medidos por sensores (principalmente acelerômetros) e verificar a possibilidade de se detectar precocemente anomalias do processo. Os resultados foram regulares; o modelo precisa ser melhorado com a inclusão de efeitos térmicos e de relações constitutivas para determinação dos fenômenos de entupimento e expansão lateral.

REFERÊNCIAS

BRUNETT, F. *Tópicos de mecânica dos fluidos*. São Paulo: Edusp, 1974. 235 p.

BUKKAPATNAM, S.; CLARK, B. Dynamic modeling and monitoring of countor crafting – An extrusion-based layered manufacturing process. *Transactions of ASME – Journal of Manufactoring Science and Engineering*, v. 129, p. 125-142, fev. 2007.

KWON, H. *et al.* Effects of orifice shape in contour crafting of ceramic materials. *Rapid Prototyping Journal*, v. 8, n. 3, p. 147-160, 2002.

LAENG, J.; STEWART, J. G.; LIOU, F. W. Laser metal forming for rapid prototyping – a review. *International Journal of Production Research*, v. 38, n. 16, p. 3973-3996, 2000.

LIRA, V. M. *Desenvolvimento de processo de prototipagem rápida via modelagem por deposição de formas livres sob temperatura ambiente de materiais alternativos*. 2008. Tese (Doutorado) – Escola Politécnica da Universidade de São Paulo, São Paulo, 2008.

LIRA, V. M.; TAMAI, E. H.; BATALHA, G. F. Modelagem de sistema de extrusão de material em forma de filamentos sob temperatura ambiente para prototipagem rápida. *In*: CONGRESSO NACIONAL DE ENGENHARIA MECÂNICA, 5., 2008. Salvador: Conem, 2008.

MANRICH, S. *Processamento de termoplásticos*. São Paulo: Artliber, 2005. 431 p.

MUNHOZ, A. L. J. *Cura localizada de resina termosensível utilizando o laser de CO2 como fonte seletiva de calor*. 1997. Dissertação (Mestrado) – Faculdade de Engenharia Mecânica, Departamento de Engenharia de Materiais, Universidade Estadual de Campinas (Unicamp), Campinas, 1997.

SCHRAMM, G. *Reologia e reometria – fundamentos teóricos e práticos*. São Paulo: Artliber, 2006. 232 p.

THOMSON, G.; PRIDHAM, M.S. Controlled laser forming for rapid prototyping. *Rapid Prototyping Journal*, v. 3, n. 4, p. 137-143, 1997.

VENKATARAMAN, N. *et al.* Feedstock material property – process relationships in fused deposition of ceramics (FDC). *Rapid Prototyping Journal*, v. 6, n. 4, p. 244-252, 2000.

YARDIMCI, M. A.; GÜÇERI, S. Conceptual framework for the thermal process modelling of fused deposition. *Rapid Prototyping Journal*, v. 2, n. 2, p. 26-31, 1996.

CAPÍTULO 10
Viabilidade econômica do PF3D

Neste capítulo, apresentam-se de forma básica os critérios de utilização, tanto estratégico quanto operativo, do processo de fabricação de peças ou de protótipo via impressão 3D. Com isso pode-se entender um pouco mais acerca da seleção do tipo de tecnologia do PF3D a ser adotada.

A viabilização econômica da utilização dos PF3D, segundo Gebhardt (2000), envolve dois aspectos: estratégico e operativo.

Quanto ao aspecto estratégico, deve-se fazer a verificação de fatores decisivos, por exemplo, a exigência do mercado, a concorrência e se tempo e prazos são fatores determinantes e há necessidade de trocas de informações rápidas entre diferentes setores da indústria etc. (WESTKÄMPFER, 2003).

Em relação ao aspecto operativo, pode-se perguntar se o PF3D é ideal para o desenvolvimento de projeto na fábrica (oficina), para o trabalho nos departamentos de desenvolvimento de produtos ou ainda para a utilização tanto na prestação de serviços quanto no uso interno.

Existem alguns critérios técnicos a serem respeitados para a utilização econômica do PF3D, como se a peça ou o protótipo precisa ser, em termos de forma geométrica, complexo (KÜNSTNER, 2002); possibilidade de determinar o tempo de desenvolvimento que deve ter uma grande importância para atender o mercado (MUELLER; MUELLER, 2002); o sistema CAD 3D deve ser a orientação volumétrica de uso contínuo no desenvolvimento de produtos (BRANDNER, 1999). Esse último critério deve ser necessariamente preenchido; do contrário, não tem sentido a utilização do PF3D, pois a maioria dos *softwares* do sistema do PF3D são baseados nesse modo de trabalho.

Como a utilização do PF3D se dá tanto na prestação de serviços quanto no uso em departamento de desenvolvimentos de produtos, é necessário um critério de decisão para a escolha e a avaliação econômica do processo ideal.

A pergunta, depois da avaliação econômica, tem dois aspectos principais: a) O PF3D preenche a exigência da qualidade no tempo ideal de construção? b) Que custo resulta do uso do PF3D (como o estudo resultante exposto na Tabela 10.1)?

Essas perguntas não representam uma validação geral para se obter uma resposta decisiva sobre qual tecnologia do PF3D deve ser adotada. Deve-se, ainda, fazer uma avaliação, de acordo com estudo de Ebenhoch (2001), das seguintes características: precisão, detalhamento, superfície de acabamento, material, dimensões, características tecnológicas mecânicas, processos subsequentes e *rapid tooling* (RT) ("ferramentaria rápida"). Também é necessário que se avalie se esse processo necessita de preparação, tempo de aquecimento (FDM, EP), tempo de espera (*sinter = laser*), tempo de resfriamento (*laser-sinter*), troca de material (FDM, extrusão), acabamentos subsequentes (envernizamento no LLM – modelagem). Também deve-se levar em consideração a possibilidade de haver necessidade de pós-processamento e de sistemas operacionais específicos. Essa avaliação é importante para se escolher um PF3D economicamente apropriado.

Para a avaliação econômica do PF3D, os itens que mais influenciam, segundo Gebhardt (2000), são: custos dos investimentos, custo para adequação do local de trabalho da máquina, custos de manutenção e de padronização, custos dos materiais, custos funcionais e custos de pessoal.

Paralelamente aos custos da máquina, há custos correspondentes aos investimentos no sistema CAD e *software* de interfaces, ao treinamento, à instalação e aos equipamentos para pós-processamento (PIEVERLING, 2002). Incluem-se ainda os custos do local (departamento de engenharia de desenvolvimento, ou oficina), em média 50% a 100% dos custos da máquina, dependendo de seu porte (extrusora prototipadora – US$ 62.000,00 + 30% em impostos). Se o material for tóxico, deve-se também levar em consideração, pois necessita-se de equipamento, agregado à máquina, para tratar os gases oriundos do processo, o qual eleva o custo da máquina, que na sinterização está em torno de US$ 425.000,00.

Os ciclos de inovação da peça ou do protótipo são muito curtos. Os custos com *updates* (*software*) e *upgrades* (*hardware*), assim como os de manutenção e instalação, são em torno de 15% a 25% dos custos da máquina. Deve-se considerar também, quanto ao aspecto econômico, se o fabricante dispõe no mercado de condições para fazer atualizações ou substituições integrais de módulos (GEBHARDT, 2000).

Os custos dos materiais, como a matéria-prima, são altos e estão entre US$ 188 e 375/kg, com algumas exceções para o processo LLM, que utiliza cerca de US$ 6,25/kg, e o Z-Corp, com US$ 50/kg. Entretanto, não é necessário nenhum produto semiacabado, logo, não há necessidade de máquinas especiais e elementos de fixação.

Embora as pesquisas tenham propiciado melhoria das características qualitativas das resinas fotossensíveis (durabilidade, umidade, precisão etc.) (HAGIWARA; ITO, 2003), são ainda raros os casos de materiais reaproveitáveis. Além disso, equipamentos grandes de *laser-sinter* necessitam de aproximadamente US$ 1.250,00 para o preenchimento do pó no reservatório. Já os equipamentos de *stereolithography*, com dimensões proporcionais, acima de US$ 125.000,00 para o preenchimento do reservatório.

Custos operacionais incluem os custos do consumo de energia para a operação do *laser* (*sinter*, *stereolithography*, entre outros), custo de aquecimento do sistema (FDM, extrusora), custos do processamento do gás (*laser-sinter*) (GEBHARDT, 2000). O processo a *laser* consome muita potência e influencia assim, de maneira negativa, o aspecto econômico. Há necessidade de instalação de equipamento para resfriamento (por exemplo, 11 kW de potência absorvida em 440 mW de potência de alimentação). Existem, entretanto, equipamentos a *laser* de corpo rígido que consomem menos potência e, além disso, processos que não usam o *laser* são mais acessíveis.

O cálculo desses fatores compreende também o tempo efetivo de trabalho sobre o custo para o processo de fabricação da peça ou do protótipo, principalmente no tempo de início, tempo de partida, período de espera e outros tempos adicionais (GEBHARDT, 2000; EBENHOCH, 2001).

Os custos com pessoal diferenciam-se e não são significativos quando comparados com a fabricação convencional da peça ou do protótipo. É importante observar que é necessário um especialista em CAD, mesmo que não haja necessidade de nenhuma construção em 3D na área de modelagem em 3D. Além disso, existem poucos cursos de capacitação para o trabalho na área do PF3D.

O projetista de peças ou protótipos na área do PF3D, dada sua formação e experiência, projeta peças ou protótipos com formas geométricas que levam, na prática, a diferentes resultados, não somente na fabricação da peça ou do protótipo feito na câmara de processo da máquina, mas também no processo completo de fabricação das peças ou do protótipo, do processamento de dados e até no pós-processamento. Considera-se também, para o usuário, as limitações do sistema em proporcionar visibilidade durante o processo de geração da peça ou do protótipo, o que possibitaria rejeitar, comparar a peça ou o protótipo e também determinar os tempos adicionais para fatiamento e finalizações ou recálculo do tempo total máximo ou mínimo (GEBHARDT, 2000).

Para ilustrar algumas grandezas descritas com valores numéricos, Capuano (2000) pesquisou as grandezas que envolvem a prototipagem em duas máquinas de *rapid prototyping* (SL e FDM) e na prototipagem convencional (PC). Alguns dos resultados (Tabela 10.1) são relativos a dados em termos de fabricação de seu protótipo e não representam a decisão de seleção sobre qual tecnologia do PF3D é melhor em detrimento de outra, pois devem ser considerados outros itens de avaliação, como qualidade do produto e flexibilidade.

Tabela 10.1 Dados de fabricação de protótipos via prototipagem convencional (PC) e via PF3D pela SL e FDM

Dados de trabalho	PC	PF3D	
		SL	FDM
Preparação do protótipo[1]	–	15 min	10 min
Fabricação do protótipo[4]	24h37 min	–	–
Fabricação do protótipo	–	10 h[2]	16h6 min[3]
Material do protótipo	ABNT 1020	Resina acrílica	ABS
Acabamento[5]	–	20 min	–
Custos de produção	R$ 350,00	R$ 800,00	R$ 680,00
Espessura de cada camada	–	0,025 mm-0,15 mm	0,254 mm
Relação custo/tempo	14,21 R$/h	76,58 R$/h	41,64 R$/h

1 – Verificação do protótipo, correção da direção das normais, *layout* da plataforma, geração da estrutura do suporte e fatiamento do modelo.
2 – Não foram computados os tempos para pré-aquecimento e resfriamento.
3 – A estrutura do suporte foi feita com material diferente (Water Works).
4 – A fabricação do protótipo corresponde às seguintes etapas: preparação, usinagem, montagem, acabamento.
5 – O protótipo teve o suporte retirado, recebeu jato de areia e pintura em verniz incolor.

Fonte: Capuano (2000).

REFERÊNCIAS

BRANDNER, S. *Integriertes Produktdaten- und Prozeßmanagement in virtuellen Fabriken*. 1999. Tese (Doutorado) – Lehrstuhl fur Betriebswissenschaften und Montagetechnik, Technischen Universität München, München, 1999.

CAPUANO, E. A. P. *Análise crítica do papel da Prototipagem Rápida voltada ao desenvolvimento de produtos*. 2000. Dissertação (Mestrado em Engenharia de Produção), Universidade de São Paulo (USP), São Paulo, 2000.

EBENHOCH, M. *Eignung von additiv generierten Prototypen zur frühzeitigen Spannungsanalyse im Produktentwicklungsprozeß*. 2001. Tese (Doutorado) – Fakultat Konstruktions und Fertigungstechnik, Universität Stuttgart, Stuttgart, 2001.

GEBHARDT, A. *Rapid Prototyping – Werkzeuge für die schnelle Produktentwicklung*. München: Hanser, 2000. 408 p.

HAGIWARA, T; ITO, T. Recent progress of stereolithography resin. *In*: INTERNATIONAL USER'S CONFERENCE & EXHIBITION ON RAPID PROTOTYPING & RAPID TOOLING & RAPID MANUFACTURING, 4., Frankfurt, 2003. p. B/5.

KÜNSTNER, M. *Beitrag zur Optimierung des Multiphase Jet Solidification (MJS) – Verfahrens zur Freiformenden Herstellung funktionaler Prototypen.* 2002. Tese (Doutorado) – Universität Bremen, Bremen, 2002.

MUELLER, D. H.; MUELLER, H. *Experiences Using Rapid Prototyping Techniques to Manufacture Sheet Metal Forming Tools. In*: INTERNATIONAL SYMPOSIUM ON AUTOMOTIVE TECHNOLOGY AND AUTOMATION (ISATA), 33., Dublin, 2002. p. 9.

PIEVERLING, J. C. *Ein Vorgehensmodell zur Auswahl von Konturtfertigungsverfahren für das Rapid Tooling.* 2002. Tese (Doutorado) – Institut fur Werkzeugmaschinen und Betriebswissenschaft (IWB), Fakultat fur Maschinenwesen der Technischen Universität München, München, 2002.

WESTKÄMPER, E. *How many Rapid Technologies does a company need. In*: INTERNATIONAL USER'S CONFERENCE & EXHIBITION ON RAPID PROTOTYPING & RAPID TOOLING & RAPID MANUFACTURING, 4., Frankfurt, 2003. p. 7.

CAPÍTULO 11
Estudo de caso entre PF3D

O estudo de caso a seguir refere-se a um estudo comparativo dos processos de prototipagem rápida via estereolitografia e fused deposition modeling *com prototipagem convencional no desenvolvimento de produtos com uso de material plástico.*

11.1 INTRODUÇÃO AO ESTUDO DE CASO

Para se comparar os processos de PR via SLA e FDM, fabricaram-se protótipos a fim de obter e analisar dados referentes à preparação e operação com relação ao acabamento superficial, aos custos dos processos e comparar os custos de construção e modificação dos moldes de injeção para o produto.

Para obtenção e análise de dados, utilizou-se uma tampa com disco, desenvolvida na empresa MegaPlast S/A, que substitui uma tampa utilizada em um frasco cilíndrico. Desejava-se continuar a utilizar o frasco cilíndrico e desenvolver uma nova tampa com o perfil externo semelhante a uma tampa de garrafão de água mineral, conforme amostra fornecida pelo cliente.

Durante o desenvolvimento do produto foram gerados arquivos 3D e construídos protótipos da tampa (Figura 11.1) e do disco via processo de SLA. A Figura 11.1 demonstra os protótipos da tampa e do disco obtidos via processo de SLA. Pode-se observar na figura que a tampa está montada no frasco.

Figura 11.1 Protótipos da tampa e do disco obtidos via SLA.

Os protótipos da tampa e do disco foram encaminhados para o cliente, que realizou o envase de xampu e condicionador para cabelo no frasco e testou a aplicação do produto envazado utilizando a tampa e o disco obtidos via SLA. Após esse teste, verificou-se a necessidade de modificação do canal de passagem de xampu e condicionador, que foi alterado das dimensões de 2,6 × 5,0 mm para as de 2,9 × 7,6 mm, conforme indicado na Figura 11.2 e no desenho técnico do disco.

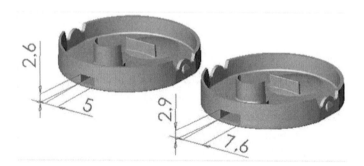

Figura 11.2 Modificação do canal de passagem de produto na peça disco.

Fez-se novamente um protótipo do disco via processo de SLA, e ele foi aprovado em testes realizados pelo cliente. A seguir, submeteu-se novamente o disco aprovado ao processo de PR, porém, pelo método de FDM, para possibilitar a comparação entre os dois processos.

Os orçamentos para construção de moldes de injeção definitivos para a tampa e o disco são ambos com 4 cavidades. Conforme observado nas Figuras 11.3 e 11.4, o custo

Estudo de caso entre PF3D

do molde de injeção da tampa foi de R$ 83.200,00 (valor sem considerar os impostos) e o prazo de construção do molde foi de 90 dias. O molde do disco apresentou custo de R$ 45.100,00 (valor sem considerar os impostos) e o prazo de construção foi de 90 dias.

A Figura 11.2 ilustra a alteração do canal de passagem de xampu e condicionador no disco caso essa alteração não fosse realizada na etapa de prototipagem, ou seja, considerando alterações necessárias feitas após a construção do molde de injeção do disco, alterando-se os componentes pertinentes no molde de injeção. Para a alteração citada, o custo seria de R$ 7.800,00.

11.2 GERAÇÃO DOS PROTÓTIPOS

Nesta etapa serão demonstrados os processos de geração dos protótipos do disco pelos métodos de SLA e FDM para a obtenção de dados de preparação e operação dos processos de PR utilizados.

Após a geração do modelo 3D em Solidworks, o arquivo do modelo em formato STL foi encaminhado às duas empresas[1] que realizaram a prototipagem da peça, para que assim fossem avaliadas as variáveis (tempo de construção, material de construção e acabamento superficial dos protótipos, entre outras) entre os processos de PR por SLA e FDM.

O protótipo fabricado pela técnica de SLA foi feito numa máquina modelo Viper SLA 7000. O protótipo fabricado pela técnica de FDM foi feito numa máquina modelo Dimension.

11.3 COMPARAÇÃO DOS CUSTOS DOS EQUIPAMENTOS E MATERIAIS PARA SLA E FDM

Observa-se na Tabela 11.1 que o custo do equipamento necessário ao processo de FDM é menor comparado ao custo do equipamento para SLA. Quando se analisa o material, o processo de FDM apresenta um custo maior, embora a diferença não seja grande. Os custos das máquinas e dos materiais utilizados nos processos de PR via SLA e FDM, em conjunto com o tempo de construção, influenciam no custo dos protótipos fabricados pelos dois processos.

No processo de FDM utilizou-se um filamento de ABS, e pelo método de SLA, uma resina própria para o processo que, após a cura, apresenta características mecânicas como dureza, módulo de flexão, resistência ao impacto, entre outras, próximas ao termoplástico ABS. A Tabela 11.1 apresenta uma comparação entre os custos dos equipamentos e materiais utilizados pelas técnicas de SLA e FDM.

---

[1] Robtec e F Johnson S/A, ambas localizadas em Diadema (São Paulo).

Tabela 11.1 Comparação dos custos dos equipamentos e materiais para FDM e SLA

Método	FDM	SLA
Modelo da máquina	Dimension	Viper SLA 7000
Custo da máquina	R$ 120.000,00 Valor de março de 2005	US$ 250.000,00 Valor de maio de 2006
Material	ABS	Resina SLA tipo ABS
Custo do material	US$ 300,00/kg	US$ 235,00/kg

11.4 COMPARAÇÃO DOS PARÂMETROS DE PREPARAÇÃO E OPERAÇÃO DOS EQUIPAMENTOS UTILIZADOS NA PR VIA FDM E SLA

A temperatura necessária para fundir o material ABS e efetuar a extrusão é de 270 ºC. Em modo de espera (*stand by*), a temperatura do cabeçote extrusor é de 100 ºC, enquanto no envelope[2] a temperatura é de 50 ºC. Tais temperaturas são menores para menor consumo de energia e rápido início de operação para o próximo protótipo. Esse procedimento é realizado sempre que a máquina para FDM modelo Dimension é acionada, e, para atingir a temperatura de 100 ºC, deve-se aguardar aproximadamente 15 minutos para estabilização da temperatura do cabeçote extrusor. O fabricante recomenda que o equipamento Dimension deve permanecer sempre ligado em modo *stand by*, mesmo que não seja gerado algum protótipo.

No processo de SLA é o raio *laser* que promove a cura da resina abrangida pelo foco.

Após a geração da peça pelo processo de SLA, faz-se a cura térmica e ultravioleta, em um forno próprio para o processo, pelo período de uma hora. Este procedimento é normal para o processo de SLA, pois o raio *laser* não promove a cura total da resina, mas apenas a solidificação dela. Para todas as resinas para SLA o período aproximado de cura é de uma hora.

O tempo total de construção do protótipo pelo processo de SLA foi cerca de 125 vezes maior que pelo processo de FDM. Isso demonstra que o processo de FDM permite a obtenção de protótipos em menor tempo que pelo processo de SLA.

A Tabela 11.2 apresenta a comparação entre os parâmetros de preparação e operação dos equipamentos utilizados para a confecção dos protótipos por SLA e FDM.

---

[2] Região interna periférica ao cabeçote de extrusão da máquina de FDM.

Tabela 11.2 Comparação dos parâmetros de preparação e operação dos equipamentos utilizados na PR via FDM e SLA

Método	FDM	SLA
Modelo da máquina	Dimension	Viper SLA 7000
Temperatura de trabalho	270 °C	Não aplicável
Temperatura em *stand by* (modo de espera)	100 °C (cabeçote extrusor) 50 °C (envelope)	Não aplicável
Tempo de aquecimento do dispositivo	Aproximadamente 15 minutos	Não aplicável
Tempo de construção da peça	23 minutos	47 horas (construção) 1 hora (cura)

11.5 COMPARAÇÃO DAS CARACTERÍSTICAS DAS MÁQUINAS E DOS PROCESSOS DE FDM E SLA

A Tabela 11.3 demonstra que o processo de SLA (máquina modelo Viper SLA 7000) gera peças com dimensões maiores que o processo de FDM (máquina modelo Dimension). Se os protótipos tiverem dimensões maiores que a área de trabalho das máquinas, deve-se seccionar a peça e construí-la em duas ou mais partes, que, posteriormente, deverão ser unidas com uma cola adequada.

No processo de FDM utilizaram-se: o *software* de prototipagem Catalyst, filamentos de ABS com diâmetro inicial de 2,54 mm, cabeçote com bicos com diâmetro igual a 0,254 mm e altura de camada igual a 0,254 mm (que gerou 44 camadas na peça).

No processo de FDM utilizaram-se dois materiais, sendo um para a estrutura e outro para o protótipo, como segue:

- Estrutura: ABS com 30% de carbonato de cálcio, que gera uma estrutura não solúvel, mas que, devido à presença do carbonato de cálcio, torna-se quebradiça após a construção da peça ou do protótipo, o que facilita sua separação da peça final.

- Protótipo: ABS na cor branca.

No processo de SLA utilizaram-se: o *software* de prototipagem 3D Lightyear equipado com Buildstation 5.0, laser Nd:YV04 com potência de 100 mW e diâmetro do foco de 0,50 mm (para operação em modo *standard*) e 0,15 mm (para operação em modo de alta resolução) e altura de camada igual a 0,100 mm (que gerou 112 camadas na peça).

Os *softwares* de prototipagem utilizados nos processos de SLA e FDM trabalham com modelos 3D apenas no formato de arquivo STL.

O raio *laser* da máquina utilizada no processo de SLA permite duas alternativas de diâmetro do foco (modo *standard* e modo de alta resolução). A máquina utiliza os dois modos de trabalho durante a construção do protótipo de acordo com a geometria da peça.

A Tabela 11.3 apresenta uma comparação entre as características da máquina e do processo de confecção dos protótipos via SLA e FDM.

Tabela 11.3 Comparação das características das máquinas e dos processos de FDM e SLA

Método	FDM	SLA
Modelo da máquina	Dimension	Viper SLA 7000
Área de trabalho	203 x 203 x 305 mm	250 x 250 x 250 mm
Software de prototipagem	Catalyst	3D Lightyear com Buildstation 5.0
Formato de arquivo	STL	STL
Diâmetro inicial do material	2,54 mm	Não aplicável
Diâmetro de saída do material (bico)	0,330 mm	Não aplicável
Diâmetro do raio *laser*	Não aplicável	0,50 mm (*standard*) 0,15 mm (alta resolução)
Altura da camada	0,254 mm	0,100 mm
Número de camadas da peça	44	112
Tipo de estrutura	Não solúvel	Não aplicável
Material da estrutura	ABS com 30% de carbonato de cálcio	Não aplicável
Prazo de entrega	1 dia útil	4 dias úteis

Com relação ao acabamento superficial da peça, observou-se que o protótipo gerado pela técnica de SLA apresentou um melhor resultado em comparação com o protótipo gerado por FDM. Vale lembrar que a peça gerada por SLA foi submetida a uma operação manual de acabamento superficial, o que não ocorreu com a peça gerada por FDM.

11.6 COMPARATIVO DE CUSTOS

A Tabela 11.4 ilustra as diferenças dos custos de PR via FDM e SLA e PC, comparando os valores de prototipagem do disco confeccionado para o estudo de caso.

Pelos valores apresentados na tabela, observa-se que, para as peças estudadas, o processo de PR por SLA apresentou um custo de quatro a cinco vezes maior que a PR por FDM. O processo de PC apresentou um custo cerca de 2,2 vezes maior que a PR por SLA e doze vezes maior que a PR via FDM.

O maior custo da PC comparado ao custo da PR via SLA e FDM deve-se à complexidade da peça, o que, devido à existência de paredes finas (paredes com espessura igual a 0,6 mm) e ausência ou subdimensionamento dos raios em alguns contornos da peça, inviabiliza a usinagem direta da peça (pois poderia ocorrer a ruptura das paredes delgadas devido ao esforço de usinagem causado pela remoção do material pela ferramenta de corte), e os raios não seriam formados conforme o modelo 3D. Esse fato leva à necessidade de se utilizar o processo de usinagem por eletroerosão por penetração para a geração do protótipo via PC. No processo de usinagem por eletroerosão por penetração, deve-se primeiro gerar o eletrodo que contém o perfil das superfícies externas da peça que se deseja usinar e utilizá-lo para usinar a peça no material metálico desejado. O material considerado para o orçamento do disco via eletroerosão por penetração foi o alumínio Fortal, e faz-se necessária a geração de quatro eletrodos via usinagem em máquina CNC para obter-se o protótipo.

Tabela 11.4   Comparação de custos de PR via FDM e SLA

Processo	FDM	SLA	PC
CUSTO	R$ 100,00*	R$ 542,76**	R$ 1.200,00**

* Frete de entrega e impostos não inclusos.
** Frete de entrega e impostos (ICMS 12%) inclusos.

O valor do investimento necessário para a construção dos moldes de injeção das duas peças (tampa e disco) que compõem o produto desenvolvido na empresa Mega Plast S/A foi de R$ 128.300,00, sem considerar impostos. Verifica-se que o custo total de PR via SLA durante o processo de desenvolvimento do produto (tampa + disco + disco modificado) foi de R$ 2.211,72, o que é equivalente a menos de 2% do total investido nos moldes de injeção dos produtos.

As Figuras 11.3 e 11.4 demonstram o molde de injeção do disco montado em uma máquina injetora Oriente modelo IHP 60.

Figura 11.3 Molde de injeção do disco.

Figura 11.4 Molde de injeção do disco.

Sem uso da tecnologia de PR, deve-se alterar o molde de injeção do disco, pois as peças fabricadas nesse molde têm o mesmo problema que o primeiro disco feito por SLA, ou seja, subdimensionamento do canal de passagem de xampu e condicionador, que estaria com dimensões de 2,6 × 5,0 mm, devendo ser alterado para 2,9 × 7,6 mm. Ao realizar essa alteração na ferramenta de injeção, aumentar-se-ia o custo do desenvolvimento em R$ 7.800,00. Logo, a utilização da PR via SLA no desenvolvimento da tampa com disco na empresa Mega Plast S/A representou uma economia direta de R$ 5.588,28.

A utilização da PR via SLA no desenvolvimento da tampa com disco na empresa Mega Plast S/A também representou uma redução do tempo do desenvolvimento do produto, pois, para alterar o molde de injeção do disco, seria necessário mais tempo do que o requerido para construir os protótipos das peças via SLA.

REFERÊNCIAS

ALMEIDA, W. J. Otimização estrutural de protótipos fabricados pela tecnologia FDM utilizando o método dos elementos finitos. 2007. 110 f. Dissertação (Mestrado em Engenharia Mecânica) – Universidade Federal de São Carlos, São Carlos.

GEBHARDT, A. *Rapid Prototyping – Werkzeuge für die schnelle Produktentwicklung.* München: Hanser, 2000. 408 p.

KÜNSTNER, M. *Beitrag zur Optimierung des Multiphase Jet Solidification (MJS) – Verfahrens zur Freiformenden Herstellung funktionaler Prototypen.* 2002. Tese (Doutorado) – Universität Bremen, Bremen, 2002.

LIRA, V. M.; MAFALDA, R. Uma comparação entre protipagem rápida e convencional no desenvolvimento de produtos plásticos. *Plástico Industrial*, v. 15, p. 36, 2013.

MUELLER, D. H.; MUELLER, H. Experiences Using Rapid Prototyping Techniques to Manufacture Sheet Metal Forming Tools. *In*: INTERNATIONAL SYMPOSIUM ON AUTOMOTIVE AND AUTOMATION, 33., Dublin, 2000. p. 9.

CAPÍTULO 12
Projeto de impressora 3D

Este projeto permite ao leitor replicar, caso deseje, a máquina em questão ou mesmo obter conhecimento de vários procedimentos e testes a serem executados para se desenvolver um equipamento para realizar o processo de impressão ou usinagem via fresamento. Para tanto, estão disponíveis todas as informações e desenhos. Por meio da máquina disponível neste projeto, portanto, pode-se efetuar a impressão de peças, usinagem de peças via fresamento.

12.1 INTRODUÇÃO

O projeto do equipamento de impressão 3D a seguir apresenta desenhos de peças e de conjuntos do sistema de movimentação (X, Y e Z) da mesa. As informações do *software* utilizado, motores e *drives* e os desenhos estão disponíveis e acessíveis por *download* no endereço eletrônico indicado.

Esse projeto permite ao leitor replicar esse equipamento e obter uma máquina versátil, de precisão de centésimos de milímetros, de uso aberto e fácil manuseio, capaz de realizar vários procedimentos de fabricação: de impressão, por meio da adaptação de um extrusor de cerâmica fria ou quente; e de dispositivo para remoção de material, por meio da adaptação de uma ferramenta *spindle*, para usinagem de materiais como madeira etc. Ressalta-se que os dispositivos de extrusão e de usinagem não têm projetos e devem ser adquiridos à parte no mercado comum.[1]

12.2 DESENHO TÉCNICO E IMPRESSORA 3D MONTADA

A Figura 12.1 apresenta o desenho em três vistas e detalhes da máquina impressora 3D. Os desenhos do conjunto e de todas as peças estão disponíveis por *download*

---

[1]   Os desenhos estão disponíveis no *site* da editora: www.blucher.com.br/9786555062991.

conforme o endereço eletrônico. Esses desenhos servirão de base para a fabricação das peças, compra e montagem final, conforme a Figura 12.2.

Informa-se que o projeto e os desenhos dessa máquina foram desenvolvidos pelo autor deste livro a partir de 2010 na UFABC.

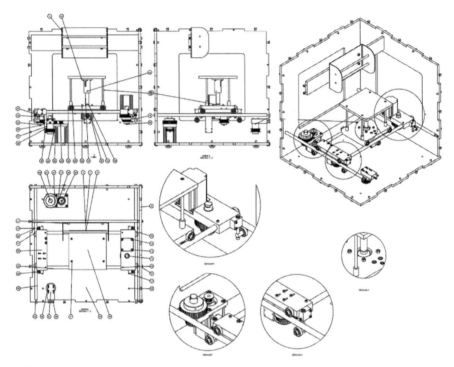

Figura 12.1 Desenho técnico da impressora 3D.

A Figura 12.2 apresenta uma visão geral da impressora 3D e de vários componentes, como motores de passo, *drivers* de motor de passo, placa controladora, fonte de propulsão e estrutura da mecânica. Tal máquina apresenta um sistema de três eixos (X, Y e Z). Está instalada com dispositivo de extrusão em filamento de materiais sob temperatura ambiente, mas podem ser instalados outros dispositivos. E esse é o aspecto final para a edição deste livro.

Vídeo de apresentação da máquina de impressão 3D montada:

http://livro.link/pfi45

Projeto de impressora 3D　　131

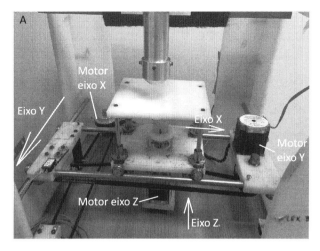

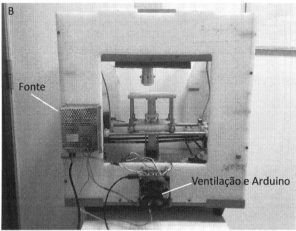

Figura 12.2 (A) Vista frontal e (B) vista traseira da máquina.

Caso o leitor se interesse em desenvolver o projeto desse equipamento, além dos arquivos disponíveis dos desenhos, estão disponibilizados também, no endereço eletrônico, um fluxograma de informações acerca das especificações de *hardware* (placa controladora), motores de passo e resumo da preparação da placa controladora, calibração dos motores de passo, ensaios de carga, análise da precisão de posicionamento dos eixos, cálculo da área de envelope, avaliação de *softwares*, adaptação de *drill* à máquina (usinagem fresamento), usinagem e impressão de peças.[2]

Pelo fato de a prototipagem por *stereolithography* ter surgido primeiro, muito já foi pesquisado sobre a influência do *laser*, a precisão do protótipo, o tempo de construção do protótipo e a incidência do *laser* sobre a superfície (GEIGER, 2000; TILLE, 2003). Como exemplo, a Tabela 12.1 mostra os resultados obtidos com a aplicação do *laser*

---

[2] Os fluxogramas estão disponíveis no *site* da editora: www.blucher.com.br/9786555062991.

em resinas do tipo epóxi e poliéster e as comparações com o tipo de resina fotossensível usada no método convencional de desenvolvimento de protótipos.

Tabela 12.1 Resultados comparativos dos tipos de resinas utilizadas na estereolitografia

Resina		
Fotossensível	**Termossensível (epóxi)**	**Termossensível (poliéster)**
Alto custo, elaborada na Suíça especialmente para o processo.	Baixo custo, disponível no Brasil.	Baixo custo, disponível no Brasil.
Necessita de tratamento completo pós-*laser* para completar a cura.	Não necessita de tratamento complementar pós-cura.	Necessita de tratamento complementar pós-cura.
Ocorre retração pós-cura (precisa de controle).	Não ocorre retração pós-cura (retração próxima de zero).	Não ocorre retração pós-cura (retração próxima de zero).
Tipo de *laser*: ultravioleta HeCd e Ar	Tipo de *laser*: ultravermelho CO_2	Tipo de *laser*: infravermelho SO_2
Potência do *laser*: 7-16 mv	Potência do *laser*: 15-30 mv	Potência do *laser*: 15-30 mv
Alta rigidez mecânica do produto final.	Alta rigidez mecânica do produto final (sílica pulverizada como material de adição).	Moderada rigidez mecânica do produto final (sílica pulverizada como material de adição).
Espessura da camada curada: 0,13 mm	Espessuras da camada curada: 0,2 mm e 0,13 mm	Espessura da camada curada: 0,1 mm
*Pot life** não conhecido	*Pot life* de 30 minutos	*Pot life* de 3 a 4 dias

* Tempo de manuseio em que a resina permanece no estado líquido, controlado pelo tipo de catalisador.

Fonte: Munhoz (1997).

REFERÊNCIAS

GEIGER, M. *Prozeßplanung und Prozeßführung bei Generativen Fertigungsverfahren*. 2000. Tese (Doutorado) – Fraunhofer Institut fur Produktionstechnik und Automatisierung (IPA), Stuttgart, Stuttgart, 2000.

TILLE, M. C. *Probleme und Grenzen der Stereolithographie als Verfahren zur schnellen Herstellung genauer Prototypen*. 2003. Tese (Doutorado) – Lehrstuhl fur Feingeratebau und Mikrotechnik von der Fakultat fur Maschinenwesen, Universität Technischen München, 2003.

Índice remissivo

3

3D-Plotter, 71

3D Systems, 22, 77

A

American Standard Code for Information Interchange, 39

B

binário, 39

C

CAD, 36

Common Layer Interface, 32, 44

Computer Aided Design, 26

D

DesKartes, 36

diâmetro do bico extrusor, 106

diâmetro do filamento, 101, 109

Direct Shell Production Casting, 81

Drawing Exchange Format, 44

E

estereolitografia, 23

extrusão de polímeros fundidos, 101

extrusora prototipadora, 71, 78

F

fatiamento, 35

feixe de *laser*, 93

força vertical de extrusão do filamento, 109

fotopolimerização, 57

Fused Deposition Modeling, 23, 51, 71, 96

Fused Layer Modeling, 71, 96

G

geração da trajetória, 29, 87

H

Helysis, 22, 23

Hewlett Packard Graphies Language, 32, 44

I

Initial Graphies Exchange Specification, 41, 44

K

Kira, 23

L

Laminated Object Manufacturing, 52, 66, 67

laser, 22, 51, 57, 58, 64, 96

laser de CO_2, 63

Laser Engineered Net Shaping, 52, 83

Laser-Generation, 83

laser sinter, 51, 52, 54, 63, 96

laser sintering, 63

laser ultravioleta, 59

Layer Exchange ASCII Format, 32

Layer Laminate Manufacturing, 52, 66

Layer Manufacturing Interface, 32

M

Material(is), 59, 62, 65, 70, 73, 78, 80

Microstereolithography, 51

ModelMaker, 23, 66, 71

Multi-Jet Modeling, 71, 77, 96

Mult Jet Solidification, 96

Multiphase Jet Solidification, 71

N

nylon, 71

R

Rapid Prototyping, 115

Rapid Prototyping Interface, 32

Rapid Prototyping System, 52, 66, 81

Rapid Tooling, 25

Rapid Tooling System, 81

resina, 58

S

Sanders, 23

Sanders ou *Inkjet Modeling*, 75

Selective Adhesive, 52, 66

Selective Laser-Sinter, 52

Selective Laser Sintering, 23

sinterização, 96

sistema dinâmico da extrusão no FDM, 108

sistema extrusor por êmbolo, 100, 102

sistema ótico reflexivo-transmissivo, 94

sistema por fibra ótica com colimador e lente focal, 95

Sistemas a *laser*, 92

Sistemas por extrusão de material, 96

Solid Free Form, 43, 45, 46

Solid Ground Curing, 51, 60

Standard d'échange et de transfer, 41

Índice remissivo

STandard for the Exchange of Product model data, 41, 44

Stereolithography, 49, 51, 57, 58, 96

Stereolithograpy Apparatus, 51

Stereolithography Contour, 32, 44

Stereolitography Tesselation Language, 32, 35, 44

Stereos, 51

STL, 35, 38

Stratasys, 23

Stratified Object Manufacturing, 52, 66

Stratoconception, 66

T

ThermoJet printer, 77

Three Dimensional Printing, 23, 81

V

velocidade de avanço, 105

velocidade de deposição, 105, 106

Verband der Automobilhersteller, 41

Verband der Automobilhersteller Flächenschnittstelle, 41

W

Wohlers, 23

GRÁFICA PAYM
Tel. [11] 4392-3344
paym@graficapaym.com.br